Landscape
Planning
and
Design

高等院校"十三五"园林景观艺术设计专业精品课程系列教材

园林规划设计（第2版）

栾春凤　白丹　主编

武汉理工大学出版社

图书在版编目（CIP）数据

园林规划设计/栾春凤，白丹主编.—2版.—武汉：武汉理工大学出版社，2017.1

ISBN 978-7-5629-5460-6

Ⅰ.①园… Ⅱ.①栾… ②白… Ⅲ.①园林－规划－高等学校－教材②园林设计－高等学校－教材 Ⅳ.① TU986

中国版本图书馆 CIP 数据核字 (2016) 第 305638 号

项目负责人：杨　涛
责 任 编 辑：杨　涛
责 任 校 对：吴丹平
装 帧 设 计：陈　西
出 版 发 行：武汉理工大学出版社
社　　　址：武汉市洪山区珞狮路 122 号
邮　　　编：430070
网　　　址：http://www.techbook.com.cn
经　　　销：各地新华书店
印　　　刷：湖北恒泰印务有限公司
开　　　本：880×1230　1/16
印　　　张：6
字　　　数：216 千字
版　　　次：2017 年 1 月第 2 版
印　　　次：2017 年 1 月第 1 次印刷
定　　　价：45.00 元

高等院校"十三五"园林景观艺术设计专业精品课程系列教材

编审委员会名单

前言

园林规划设计是园林设计专业的一门专业技能课程，也是一门涉及多学科知识综合运用的课程。本书在编者多年教学经验的基础上，针对初学者遇到的难题创作和编写，重点在于培养学生正确的学习方法，使学生在园林规划设计的构思能力、绘图表现技巧上得到基本训练。

本书分为总论和各论两大部分。总论部分在于基础知识的讲解，主要包括园林规划设计的发展历程、现代园林规划设计特点、园林规划设计要素、设计程序以及行业标准、技术规范等。各论部分重点讲述各类绿地在规划设计中的内容和要点，并通过大量的案例和图片将理论教学与实践教学结合，培养学生分析和解决实际问题的能力。由于设计课的学习方法与其他课程有很大不同，它侧重培养的是学生的综合运用能力，因此，本书的课后复习题要求学生不断地观察、分析、欣赏优秀作品，吸取别人的设计思路和表现技巧，完成具有个人风格的园林绿地的方案设计与效果表现。

本书由郑州大学栾春凤主编，白丹任副主编，武汉工业学院李莉参编。具体分工如下：白丹负责第1至4章，栾春凤负责第5至9章，李莉负责第10章的编写。本书在编写过程中，得到了多方支持和帮助，在此特别感谢河南省城市规划设计研究总院有限公司的黄向球、刘锐、穆战强、水新亮，郑州市园林规划设计院的张炎，河南省河美艺术景观有限公司的刘志国、原小伟，河南百纳景观规划有限公司的卞庆斌、黄孝勇，郑州大学的王坤、高海伟、吕阳、柴莹莹、李君等。另外，本教材已被列入"郑州大学青年骨干教师资助计划"。

编者
2016年11月

目录

目录

第一部分

总 论

1　园林规划设计概说

[教学要求]

- 掌握园林规划设计的基础知识。
- 了解园林规划设计的重要性、理论构成及地位。
- 掌握园林规划设计的含义和工作内容。
- 了解园林规划设计与相关学科之间的关系，学习这一专业要具有广泛涉猎的学习习惯，保持对周围各事物的兴趣。
- 了解园林规划设计发展的历史。
- 了解园林规划设计学科在东西方不同历史阶段、不同地域的发展建设特征。
- 掌握中国古典园林的特色、日本古典园林的特色、西方古典园林中典型园林类型的特色。

人类从茹毛饮血、树栖穴息到捕鱼狩猎、采集聚落开始，直至建立了城市、公园、国家公园的今天，经历了数千年的悠悠岁月。在这漫漫的历史长河中，人类写下了源于自然、索取自然、破坏自然、保护自然，最终回归自然的文明史。园林是文明史中一颗璀璨的明珠，这颗明珠不仅折射了来自世界各地文化的光彩，还承载了人类悠长岁月的痕迹。

初期的园林主要是植物与建筑物的结合，园林形式比较简单，建筑物是主体，园林仅充当建筑物的附属品。随着社会的发展，园林逐渐摆脱建筑的束缚，其范围也逐渐扩大，不再局限于庭院、庄园、别墅等单个相对独立的空间，而是扩大到城市环境、风景区、保护区、大地景观等区域，涉及人类的各种生存空间。

步入21世纪，工商业高度发达，人口集中于城市，自然环境遭受破坏，各类污染愈演愈烈，这使得城市环境品质逐渐降低。生活环境的恶化让人们愈发认识到自然环境的珍贵，但城市发展与自然环境之间难以消除的矛盾使得人类转而将希望寄托在"人化自然"上——通过园林改善居住品质以及生活质量。只有合理的环境规划设计及对良好开放空间的保护，才能在城市中建立舒适宜人的生活环境。

1.1　园林规划设计的含义与范围

1.1.1　园林规划设计的含义

园林规划设计所涵盖的含义相当广泛，首先，从字面上理解，"规"者，规则、规矩之意；"划"者，计划、策

划之意；"设"者，陈设、筹划之意；"计"者，计谋、策略之意。"规划"包含有统筹、策划之意，指基于考虑了土地的价值及社会对它现在及未来的需求后对土地利用方式所提出的最适当的开发方案；"设计"所指为相对具体的实施方案，是指在规划中为达成某些社会目的，如居住、游憩、教育、商贸等，而对一宗土地作品质和功能上的安排。

其次，从专业学科层面上理解，园林规划设计是针对园林建设的筹划策略，是实现舒适宜人环境的创作过程。具体地讲，园林规划设计是在一定的地域范围内，运用园林艺术和工程技术手段，通过改造地形、种植树木、营造建筑、布置园路等途径创作而建成生活、休闲、游憩环境的过程。因为园林规划设计所包含的内容相当广泛繁杂，所以在规划设计的过程中往往会遇到多方面的问题，如园林选址的决定因素、建园的目的和意图、现状的理解与处理、园林的内容和形式、全园的布局与山水地形的处理方法、园路的设置与铺装样式、主要建筑的位置与形式、植物的配置方式与观赏效果、工程技术难度与工程造价等。此外，还要解决好近期与远期、局部和整体的关系以及后期使用管理、服务经营等相关问题的考虑。

再次，从园林规划设计的深层次意义上理解，园林规划设计是对最宝贵的资源——土地进行塑造。在当前社会背景下，园林规划设计要依据自然、生态、社会与行为等科学的原则来从事规划与设计，使人与自然之间建立和谐、均衡的整体关系，并满足人类在物质上、精神上、生理健康上等多方面的基本需求。可以说园林规划设计是充分控制人们生活环境品质的设计过程，也是改善人们对户外空间环境体验的艺术。

1.1.2　园林规划设计的范围

园林规划设计是为满足人类的需求而做的除建筑内部空间及建筑本身之外的环境景观设计。从几平方米的别墅区小花园设计到几十平方公里的风景区规划设计，从几万平方米的城市广场设计到几十公里长的道路景观设计等，园林规划设计中设计尺度和设计对象相当广泛和多变，总结起来，大致可包含以下几个方面的内容：

（1）绿色基础设施（城乡绿地系统、大地绿色廊道、生态斑块、防护系统等）的规划、设计、建设与管理；

（2）自然遗产、文化景观、保护性用地（风景名胜区、森林公园、自然保护区、地质公园、水利风景区等）的规划、设计、保护、建设与管理；

（3）传统园林的鉴别、评价、保护、修缮与管理；

（4）城市公共空间（公园、广场、街道、林地、湿

地、滨水区等）的规划、设计、建设与管理，参与"园林城市"的规划、设计、建设与管理；

（5）旅游与游憩空间的规划、设计、建设与管理；

（6）各种附属绿地（居住区绿地、庭院、校园、企业园区等）的规划、设计与建设；

（7）风景园林建、构筑物与工程设施的设计与建设；

（8）城市绿地生态功能的研究与评价，医疗康复环境的设计、建设与管理；

（9）园林植物应用。

1.2 园林规划设计的理论构成

目前，人们对土地的使用与设计是结合经验、传统、务实等方面进行的调整，人们对园林与自然的认知及态度也因每个人生长环境中的文化体系及社会的影响而有所差异。能反映现今园林规划设计新方向的理论中，有下述几个主要的构成要素：

（1）自然作用

自然作用主要是在设计中了解所有与园林规划、园林设计相关的各种自然因素的资料，这些自然因素包括：地质、土壤、水文、地形、气候、植被、野生生物及彼此之间生态作用关系。在进行规划设计之前，必须结合所设计土地的尺度，衡量这些自然因素在规划设计过程中所受的影响，确保采用最适宜的方法以保护珍贵的自然环境。

（2）社会作用

社会因素资料也适用于各种尺度的运作过程中，在从事规划设计工作时，要充分考虑有关人们对景观空间的使用与鉴赏上的文化差异，不同年龄层次的使用人群对景观空间的实质性与社会性需求，以及人们对环境的感受力及在户外人群的行为模式与倾向。

（3）方法论

设计方法论是确认冲突及界定景观问题的系统。它是将所有的相关因子与变数适当地加权，用来解决问题的一种过程。倘若能再应用现代科技的电脑绘图、分析技术及符号计测系统，对整个过程的运用必有所帮助。

（4）技术

技术是使设计得以实现或政策得以实施的工具。多年来，随着新材料与机器的开发，部分技术亦在不断地创新。技术层面包括植物生长与生态演替、土壤科学、水文和污水处理、地表排水、铺装地面、防水措施、植物移栽、新型材料的运用、微气候控制等。

（5）价值观

园林规划设计需要建立在一套价值标准之上，切实地从保护自然环境、为人类营造舒适宜人的生活空间出发，而不能随波逐流，成为某个阶层的金融工具。这是相当难的一个部分，因为自然科学和社会科学、方法论和技术均能学而得之，而价值判断则来自生活经验的积累与感受，且每个人都有不同的生活环境，因此价值观也存在差异。

综观这些构成要素，环境营造的过程中必须了解自然因素及社会因素，再加上一个分析、评估、综合与解决问题的方法，配合解决方案的技术，使得运作方案得以运行。总之，这几个构成要素之间彼此相关，必须普及于园林规划设计专业中的每一部分。

1.3 园林规划设计的学科地位及与其他学科的关系

我国风景园林学科的先驱——陈植先生曾经提出，造园学是农学类综合性学科（见表1-1）。他认为："土地与人生关系密切，固夫人而知之矣。其二者关系，而为学术上研究者，谓之农学，或地产学，造园学既为土地经营术中之一，故亦为农学或地产学中之一部。"

表1-1　农学下属的学科分类

门类	目的	位置	材料	学科
农学	利用	山上	植物（木）	林学
		地面	植物（草）	农学
			动物	
		水中	植物	水产学
			动物	
	修饰	山上	植物	造园学
		地面	动物	
		水中		

从造园学诞生至今，中间经历了若干次更名以及学科所属划分的变化，其中影响较深的为近年来将园林规划设计设置为建筑学中的一个分科，具体所属为城市规划专业。根据国务院学位委员会、教育部公布的《学位授予和人才培养学科目录（2011）》，风景园林学与建筑学、城乡规划学同时位于我国110个一级学科之列，这是学科发展的新阶段。

"风景园林学（Landscape Architecture）"是规划、设计、保护、建设和管理户外自然和人工境域的学科。其核心内容是户外空间营造，根本使命是协调人和自然之间的关系。风景园林与建筑及城市构成图的关系，相辅相成，是人居学科群支柱性学科之一。本学科需要融合工、理、农、文、管理学等不同门类的知识，交替使用逻辑思维和形象思维，综合应用各种科学和艺术手段。

园林学科的特点在于综合性强，涉及规划、设计、植物、工程、建筑、环境、生态、文化艺术、地学（地球科学）、社会学等多学科。确切地说，风景园林从一开始起就是一个综合性、交叉性的学科。在古代中国，不少画家、匠人、园艺家、文学家可以建造出精美的园林。而在

当代，也有很多公园、风景区、旅游度假区、城市景观、世界遗产地是由规划师、建筑师、工程师、园艺师和林业工作者进行规划、设计、施工完成的。风景园林作为一个交叉性的学科，其知识主体主要由艺术、规划与设计、工程、植物、文化（包括社会）五大部分构成，也包括由这五大部分分化出的各种新型分支学科领域。

1.4 园林规划设计的学习与工作

1.4.1 园林规划设计的学习

新世纪给园林规划设计行业带来了巨大的机遇和挑战，科学技术的进步及施工工艺的发展使得园林作品越来越成熟，规划设计所涉及类型的种类越来越丰富，分类也逐渐多样化。目前，园林规划设计包括以下内容：

（1）景观规划与评估

由来自相关专业的多名专家组成的评估小组团体合作来决定土地使用计划或政策，这一过程需要以生态与自然科学为基础，要对大面积区域进行系统评估，包括未来土地使用的适宜性与容许量，以及规划设计基地与自然地理形势地区是否相符。

（2）场地规划

场地规划代表比较传统的园林规划设计形式，是由基地分析和基地使用计划综合而成的过程。

（3）细部园林设计

细部园林设计主要指选择合适的园林构成要素、材料、建造工艺以解决有限的、明确的问题：如高差、铺装、植被、水景等。通过这一过程，赋予图示的空间及基地设计特别的品质。

鉴于上述园林规划设计所包含的内容，园林规划设计的学习过程涉及多个方面的知识。首先，需学习风景园林师的执著、坚韧和敬业的精神；其次，应学习综合运用自然、社会、工程技术措施，实施其业务领域的规划设计、技术咨询和工程监理的能力；最后，因为园林规划设计是一个开放系统，因此还需要风景园林师具有前卫意识，不断从相邻行业与相关学科获取信息，不断提高基础技术、基础理论和专业设计技能。

1.4.2 园林规划设计的工作

园林规划设计师参与的工作非常多，服务的项目可大致分为以下几种：

（1）对土地利用方式提供咨询意见，以解决土地计划的各类问题；

（2）选择适当的土地作为建设园林的基础；

（3）做出初步研究，绘制草图、模型和撰写报告；

（4）绘制前期分析与设计方案图纸，与甲方进行良好的沟通；

（5）绘制施工图，拟定工程预算及施工规范，作为工程招标及施工上的依据；

（6）督导监工，以确保材料及施工技术的质量，保证正常使用及观赏效果；

（7）受甲方的委托或约聘，做长期咨询顾问。

职业园林规划设计师与规划师和建筑师一样只拿规划设计服务费，并不向承包商、苗圃代理商抽取佣金或其他额外的费用。设计者应站在超然的地位，提高及确保设计的高水准。

1.5 园林规划设计的历史回顾

园林规划设计的演变与发展，依不同的地域、不同的国度、不同的年代而有着不同的发展形式，因此，只有在充分了解园林规划设计历史的基础上，才能进而掌握现在与未来的园林规划设计的发展方向。以下回顾中国、日本和西方园林规划设计的历史发展轨迹。

1.5.1 中国古典园林

中国幅员辽阔、历史悠久，是世界闻名的文明古国之一，五千多年的历史创造了辉煌灿烂的古代文化，其中，中国古典园林作为古代文化的一个重要组成部分，在世界园林史上独树一帜，其特点为重视自然美、崇尚意境、追求曲折多变以及创造"虽由人作，宛自天开"的精神品格。

中国古典园林史是一个精深、完善的体系，在理论和实践中留下了极为丰富的经验，对它的发展规律作一个较全面、完整的了解，有助于在今后的园林规划设计从中得到借鉴。

中国古典园林的历史悠久，大约从公元前11世纪的奴隶社会后期即殷商时期开始，持续到19世纪末封建社会解体为止。不同历史时期的园林建设风格和内容都有其渊源，下面依照朝代演变顺序列出中国园林的形式及其内涵的演变和发展过程。

（1）远古时期

园林是人类社会发展到一定阶段才出现的，在原始社会时期，人们过着渔猎生活，终日为了生存而忙碌，并不具备营造园林的物质条件。到了奴隶社会时期，社会经济日益发展，园林作为统治者进行游乐、狩猎的场所开始出现。从黄帝造玄圃，尧设"虞人"掌山泽、苑囿、田猎之事，到周文王建造灵沼、灵囿，园林的初期形态多为种植果木菜蔬，豢养禽兽，以供帝王贵族游乐时用。这一时期的苑囿由自然美趋于建筑美，开始建筑高台作为游乐及眺望之处。

（2）春秋战国至秦时期

春秋战国时期，虽战乱频发，但相对丰厚的物质条件使得统治阶层大兴离宫别院，如吴王夫差所筑姑苏台、梧桐园、会景园，有"穿岩凿池，构亭营桥"之举。秦始皇统一中国后，营造宫室，其过程往往伴有园林的建设，如"引渭水为池，筑为蓬、瀛"。到了秦朝，思想百花齐放，苑囿内的景观体现出自然与人的关系，由敬畏渐转为敬爱，诸侯造园亦渐普遍。秦始皇建造阿房宫，宫苑的规模非常宏大，装饰也非常华丽，显示出了一种宏伟的园林风格。在城市中还建造了驰道，并在驰道两侧种植行道树——青松，使我国成为世界上最早种植行道树的国家。

（3）汉朝时期

汉代在囿的基础上发展出新的园林形式——苑，苑中养百兽，供帝王射猎取乐，保存了囿的传统，苑中有宫、有观，成为以建筑群为主体的建筑宫苑。汉代最著名的宫苑是上林苑，上林苑地跨五县，纵横300里，苑中有三十六苑、十二宫、三十五观。上林苑中有供休憩的宜春苑、供御人止宿的御宿苑等；有演奏乐曲和唱曲的宣曲宫；饲养和观赏大象、白鹿的观象观、观鹿观等；还有昆明湖等许多池沼。

在汉朝，除了帝王、贵族、权臣等建苑者众多之外，越来越多的私人造园开始兴起，人与自然的关系愈见亲密，在私家园林中模拟自然成为风尚，庭院风格以自然式为主（图1-1）。

（4）魏晋南北朝时期

魏晋南北朝时期北方落后的少数民族南下入侵，帝国处于分裂状态，社会的重大变化导致意识形态方面突破了儒学的正统地位，呈现为诸家争鸣、思想活跃的局面，文化、艺术方面都有重大的变化，这些变化引起园林创作的变革。在这一时期，民间豪门士族的崛起，促成大量私家园林的营建。人与自然的关系越来越密切，私家园林不仅延续了从汉朝开始的模拟自然的做法，还因文人躲避战乱等社会因素，渐有山林之想，要求清静幽雅，远离尘嚣纷扰之地。同时，南北朝时期佛教和道教盛行，广建佛寺和道观。这些寺观多选郊外或山水胜地营建，多采用宫殿的形式，附有庭园，风景优美，逐步成为风景游览的胜地。

这个时期的园林形式由粗略地模仿真山真水转到用写实手法再现山水，园林植物由欣赏奇花异木转到种草栽树，追求野致，园林建筑不再徘徊连属，而是结合山水，列于上下，点缀成景。山水、植物和建筑互相结合组成山

水园。

在这一历史时期内，除了有上述新的园林形式产生之外，还逐渐明确了以追求自然、模拟自然所形成的自然山水园成为园林的主流，初步确立了园林美学思想，奠定了中国风景式园林发展的基础。

（5）隋唐时期

隋朝统一乱局，唐朝更是达到空前鼎盛的时期，我国的传统文化在这个时期呈现出了强盛的发展势头，并在多个领域都取得了辉煌的成就，园林也在稳定的社会背景下以及丰厚的经济条件下得到了良好的发展空间，作为一个园林体系，它所具有的风格特征已基本形成。

进入盛年期发展的园林，帝王造园与文人造园都得到了较大的发展。隋朝最著名的皇家园林为隋炀帝杨广营建的西苑，西苑的布局继承了汉代"一池三山"的形式，反映了王权与神权的统治以及享乐主义思想，具有浓厚的象征色彩。西苑的风格明显受到了南北朝自然山水园的影响，以湖、渠水系为主体，将宫苑建筑融于山水之中，成为苑中之园，这是中国园林从秦汉建筑宫苑演变到山水宫苑的转折点。

唐朝由于疆域的扩大、经济的发达、民族的融合，促进了文化艺术的发展，达到了一个空前繁荣时期。和别的文化发展一样，园林发展中出现了两个显著的特点，一是在苑囿的营建中注意了游乐和赏景的作用，如在殿宇建筑外，已注意到叠石造山，凿池引泉。此外，在布局上也趋于融洽，使之形成优美的环境，发挥了休憩、游赏甚至宴乐之功能，如唐代的大内三苑——西内苑、东内苑、禁苑等。

（6）宋朝时期

继隋唐盛世之后，我国封建社会发育定型，农村的

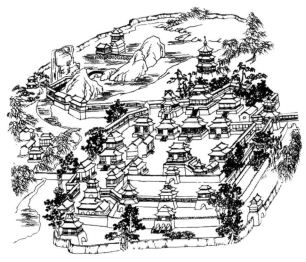

图1-1　上林苑中的建章宫

小农经济稳步成长，城市的商业经济空前繁荣，市民文化的兴起为传统的封建文化注入了新鲜的血液。封建文化的发展虽已失去汉、唐的宏放风度，却转化为在日益缩小的精致境界中实现从总体到细节的自我完善。唐朝的活泼充满生机的风气传至宋朝，同时，随着山水画的发展，许多文人、画师不仅寓诗于山水画中，更建庭园融诗情画意于园中，因此形成三度空间的自然山水园。北宋时期最著名的宫苑为宋徽宗修筑的艮岳，据记载苑内峰峦崛起，冈连阜属，众山环列，仅中部为平地。其中东为艮岳、东西二岭；南为寿山，两峰并峙，列嶂如屏，瀑布泻入雁池；西为"药寮"、"西庄"，再西为"万松岭"，岭畔有"倚翠楼"；艮岳与万松岭间自南向北为濯龙峡；中间平地凿成大方沼，沼水东为"研池"，西流为"凤池"。艮岳突破秦汉以来宫苑"一池三山"的规范，把诗情画意移至园林，以典型、概括的山水创作为主题，在中国园林史上是一大转折（图1-2）。

南宋迁都于临安（今杭州市），江南造园因而大盛，由于地理环境的关系，形成特殊的风格，加之数量多、规模大，遂形成了中国庭园的主流。

（7）元朝时期

元朝时士人多追求精神层次的境界，庭园成为其表现人格、抒发胸怀的场所，因此庭园之中更重情趣与写意，如倪瓒所凿之清闷阁、云林堂和其参与设计的狮子林均为很好的代表。

（8）明朝时期

明朝继承唐宋之余绪，不仅皇家宫苑的园林风格继承了北宋山水宫苑的传统，而且庭园建设也发展迅速，分布几乎遍及全国各地。在明朝，出现了一批有名的画家、造园家，其中最有名的造园家要数计成，其所著《园冶》一书，是我国历史上第一部关于园林艺术的专著，他将实践经验与造园传统相结合，并将其提高到理论高度。

这一时期的私家园林主要集中在北京和江南一带，尤以江南的苏州为最多。苏州园林可谓荟萃了江南私家园林的精华，有"苏州园林甲天下"之美称。以苏州著名的园林之———网师园为例，网师乃渔夫、渔翁之意，又与"渔隐"同意，含有隐居江湖的意思，网师园便意谓"渔父钓叟之园"，园内的山水布置和景点题名蕴含着浓郁的隐逸气息（图1-3）。

（9）清朝时期

清朝时期的乾隆皇朝是中国封建社会的最后一个繁荣时代，后随着西方帝国主义势力的入侵，封建社会盛极而衰，逐渐趋于解体，封建文化也愈来愈呈现衰颓的迹象。园林的发展，一方面继承前一时期的成熟传统而趋于精致，表现了中国古典园林的辉煌成就。皇族王贵的园中设置亭台楼阁、山池花木，寻常百姓家庭也多少在小院中栽植花木，或置一二盆景、叠石，倒也略具林泉之意。另一

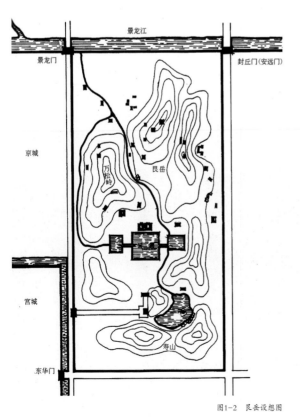

图1-2 艮岳设想图

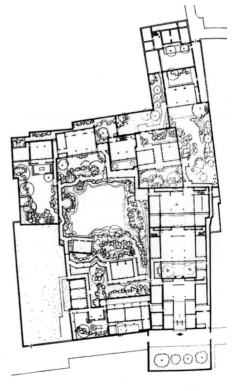

图1-3 网师园平面图

方面则暴露出某些衰退的倾向，已多少丧失前一时期的积极、创新精神。

清朝中叶乾嘉时期的皇家园林以其规模宏大和精湛的艺术造诣标志着我国封建社会后期园林发展的高峰，其代表作有圆明园、颐和园等。颐和园原是清朝帝王的行宫和花园，前身清漪园，为三山五园（三山是指万寿山、香山和玉泉山，三座山上分别建有三园——清漪园、静宜园、静明园，此外还有附近的畅春园和圆明园，统称五园）中最后兴建的一座园林，始建于1750年，1764年建成，面积290公顷，水面约占四分之三。乾隆继位以前，在北京西郊一带，已建起了四座大型皇家园林，从海淀到香山这四座园林自成体系，相互间缺乏有机的联系，中间的"瓮山泊"成了一片空旷地带。乾隆十五年（1750年），乾隆皇帝为孝敬其母孝圣皇后动用448万两白银在这里改建为清漪园，以此为中心把两边的四个园子连成一体，形成了从现清华园到香山长达20公里的皇家园林区。咸丰十年（1860年），清漪园被英法联军焚毁。光绪十四年（1888年），慈禧太后以筹措海军经费的名义动用银两，由样式雷的第七代传人雷廷昌主持重建，改称颐和园，作为消夏游乐地。

1.5.2 日本古典园林

日本从汉代起，就受中国文化影响。到公元8世纪的奈良时期，日本开始大量吸收中国的盛唐文化，中国文化也从各方面不断影响着日本社会。园林亦是如此，日本深受中国园林尤其是唐宋山水园的影响，因而一直保持着与中国园林相近的自然式风格。但结合日本的自然条件和文化背景，形成了独特风格而自成体系。日本所特有的山水庭，精巧细致，在再现自然风景方面十分凝练，并讲究造园意匠，极富诗意和哲学意味，形成了极端"写意"的艺术风格。

（1）上古时期

日本在公元3~4世纪时即有苑园，从大化革新到奈良时代末期（645~780年）出现了较为发达的文化——史称"奈良文化"，园林也得到发展。这一时期的园林以自然山型的池和岛为主，主题也多以摹写海景为主。

在飞鸟时代，从百济传入佛教后，日本文化有了新的发展，建筑、雕刻、绘画、工艺也从中国输入到日本列岛而兴盛起来。在庭园方面，首推古天皇时代（593~618年），因受佛教影响，在宫苑的河畔、池畔和寺院境内，布置石造、须弥山，作为庭园主体。寺庙园林的建设创造出一种理想的极乐净土世界的庄严气氛，并开始有模仿自

然的风景出现。

（2）平安朝时期

在平安朝时代，当时的都城——京都山水优美，都城里多天然的池塘、涌泉、丘陵，土质肥沃，树草丰茂，岩石质良，为庭园的发展提供了得天独厚的条件。据载，恒武天皇时期主要建筑都仿唐制，苑园多利用天然的湖池和起伏地形，并模仿汉上林苑营造了"神泉苑"。这一时代前期对庭园山水草木经营十分重视，而且要求表现自然，并逐渐形成以池和岛为主题的"水石庭"风格，且诞生了日本最早的造庭法秘传书——《前庭秘抄》。

（3）镰仓时期

12世纪末，日本社会进入封建时代，武士文化有了显著的发展，形成朴素实用的宅园；同时宋朝禅宗传入日本，并以天台宗为基础，建立了法华宗。禅宗思想对吉野时代及以后的庭园新样式的形成有较大影响。此时已逐渐形成"缩景园"和佛教方丈庭的园林形式。另外，藤原氏之北山庄及文法之园均具浓郁之神味，幽静雅趣深受我国唐宋造园之影响，故称"同化时期"。

（4）室町时期

室町时代是日本庭园的黄金时代，造园技术发达，造园意匠最具特色，庭园名师辈出。室町时代受我国明朝文化之影响，生活安定，渐趋奢侈，文学美术的进步，绘画、雕塑及茶道、插花的发达，酝酿成民众造园艺术之普及。镰仓吉野时代萌芽的新样式有了发展，室町时代名园很多，不少名园还留存到现在。其中以龙安寺方丈南庭、大仙院方丈北东庭等为代表的所谓"枯山水"庭园最为著名。寺南庭是日本"枯山水"的代表作。这个平庭长28米，宽12米，一面临厅堂，其余三面围以土墙。庭园地面上全部铺白沙，除了15块石头以外，再没有任何树木花草。用白沙象征水面，以15块石头的组合、比例、向背的安排来体现岛屿山峦，于咫尺之地幻化出千岩万壑的气势

图1-4 龙安寺方丈南庭

（图1-4）。

（5）桃山时期

桃山时期的执政者丰臣秀吉对建筑、绘画、雕刻及工艺、茶道等非常专注，一破抄袭中国之旧风，开始了发挥日本个性的时代，当时民心娴雅幽静，茶道乘隙以兴，以致茶庭、书院等庭园辈出，庭园内均有庭石组合。茶庭顺应自然，面积不大，单设或与庭园其他部分隔开。四周围以竹篱，有庭门和小径通到最主要的建筑即茶汤仪式的茶屋。茶庭面积虽小，但要表现自然的片断，寸地而有深山野谷幽美的意境，更要和茶的精神协调，能使人默思沉想，一旦进入茶庭好似远离凡尘一般。

（6）江户时期

在江户时代初期，日本完成了自己独特风格的民族形式，并且确立起来。前期的"回游式庭园"，其面积较广，典型的形式以池为中心，四周配以茶亭，并有园路连接；后期则以文化、行政为中心，参考明朝中国式造园从事缩景庭园之作，兴建"文人庭"。当时最著名的代表作是桂离宫庭园。庭园中心为水池，池心有三岛，岛间有桥相连，池苑周围主要苑路环回导引到茶庭洼地以及亭轩院屋建筑。全园主要建筑是古书院、中书院、新书院相错落的建筑组合。池岸曲折，桥梁、石灯、蹲配等别具意匠，庭石和植物材料种类丰富，配合多彩。修学院离宫庭园，以能充分利用地形特点，有文人趣味的特征，与桂离宫并称为江户时代初期"双璧"。此时园林不仅集中于几个大

城市，也遍及全国（图1-5）。

（7）明治、大正时期

日本进入明治维新后，庭园开始欧化。但欧洲的影响只限于城市公园和一些"洋风"住宅的庭园，私家园林仍以传统风格为主。明治中叶庭园形式脱颖而出，庭园中用大片草地、岩石、水流来配置。到了大正时代最大造园为明治神宫，为此时期庭园的代表作。

明治神宫被分为内苑和外苑，内苑选择了设计概念为植物转移的构想，种植了来自日本各地的大量树木，形成树林。神宫内苑的西边是美丽的神宫御园，御园西北角是明治神宫本殿。神宫御园为典型的日本式庭院，苑内有红、紫、黄各色山樱，山桃，玫瑰，兰花，紫藤等花卉，还有流向南池的潺潺清泉，"清正三井"，池内睡莲婀娜多姿。神宫外苑包括两大片森林，还有圣德太子纪念馆、国立竞技场、东京都体育馆等，内、外苑之间以一条樱树相夹的道路相连。

1.5.3　西方古典园林

西方园林的出现可追溯到上古时代，当时纯粹利用自然的景物，鲜用人工的方法加以装饰。西方园林早期为规则式园林，以中轴对称或规则式建筑布局为特色，以大理石、花岗岩等石材的堆砌雕刻，花木的整形与排行作队为主要风格。文艺复兴后，先后涌现出意大利台地园林、法国古典园林和英国风景式园林。近现代以来，又确立了人本主义造园宗旨，并与生态环境建设相协调，出现了城市园林、园林城市和自然保护区园林，率世界园林发展新潮流。

（1）上古时期

最早的园林为公元前16世纪的埃及建造的庭园，从古代墓画中可以看到祭司大臣的宅园采取方直的规划，有规则的水槽和整齐的栽植（图1-6）。巴比伦、波斯气候干旱，重视水的利用。波斯庭园的布局多以位于十字形道路交叉点上的水池为中心，这一手法为阿拉伯人继承下来，成为伊斯兰园林的传统。具体来讲，这种造园的特点是用纵横轴线把平地分作四块，形成方形的"田"字，在十字林荫路交叉处设中心喷水池，中心水池的水通过十字水渠来灌溉周围的植株。那个交叉处的中心喷水池就象征着天堂，后来水形式的应用又得到不断地发挥，由单一的中心水池演变为各种明渠暗沟与喷泉，这种方法的运用后来深刻地影响了欧洲各国的园林。

（2）中古时期

古希腊山岭起伏，气候温暖，人民爱好社交、运动及野外生活。因受埃及和中东的影响加上环境的特点，古希

图1-5　桂离宫平面图

腊成为西方园林的发祥地，其园林有如下特点：受西亚巴比伦、波斯园林的影响，园景仍为几何式；园林偏向实用为主，多以水池为中心，发展成为住宅内部规则方整的柱廊园，四周围绕的柱廊以便集聚雨水之用；在植物方面，植物种类增加，有树木、绿篱的栽植；园景中开始出现雕塑等装饰物，这些装饰物多以宗教中的神像及运动会中得胜运动员的雕像为主。

古罗马因其社会发展的关系以及自然条件的约束，承袭了希腊庭园的建造手法，造园形式多为人工化的阶梯庭园，即台地式庭园。到了全盛时代，古罗马园林不仅继承了以建筑为主体的规则式轴线布局，而且出现了整形修剪的树木与绿篱、几何形的花坛以及由整形常绿灌木形成的迷宫。后伴随着罗马的征服，罗马园林也因此传播到了整个帝国疆域。罗马帝国的征服为欧洲园林的传播做出了巨大的贡献（图1-7）。

（3）中世纪时期

中世纪是西欧历史上光辉思想泯灭、科技文化停滞、宗教蒙昧主义盛行的"黑暗时代"。在这个不断蛮族入侵、充满血泪的动荡岁月中，人们纷纷皈依天主基督，所以中世纪的文明主要是基督教文明，与此呼应，中世纪的园林建筑则以寺院庭园为代表。

中世纪时期，封建领主的城堡和教会的修道院中建有庭园。修道院中的园地同建筑功能相结合，如在教士住宅的柱廊环绕的方庭中种植花卉，在医院前辟设药圃，在食堂厨房前辟设菜圃，此外还有果园、鱼池和游憩的园地等（图1-8）。

（4）文艺复兴时期

文艺复兴时期，欧洲的园林出现新的飞跃。园内一切都突出表现人工安排，布局规划方整端正，充分显示出人类征服自然的成就与豪情壮志。

在文艺复兴时期，意大利的佛罗伦萨、罗马、威尼斯等地建造了许多别墅园林。以别墅为主体，利用意大利的丘陵地形，开辟成整齐的台地，逐层配置灌木，并把它修剪成图案形的植坛，顺山势运用各种水法，如流泉、瀑布、喷泉等，外围是树木茂密的林园。这种园林通称为意大利台地园（图1-9）。随着意大利园林传入法国，法国继

图1-6 古埃及奈巴蒙花园

图1-7 古罗马银婚宅邸

图1-8 修道院庭院

图1-9 意大利罗马美第奇庄园

承和发展了意大利的造园艺术，并根据法国自身地势平坦的特点，将意大利台地园进行改良，形成气势宏大的法国园林。17世纪下半叶，法国造园家勒诺特尔提出要"强迫自然接受匀称的法则"。他主持设计凡尔赛宫苑，根据法国地势平坦的特点，开辟大片草坪、花坛、河渠，创造了宏伟华丽的园林风格，被称为勒诺特尔风格，各国竞相仿效（图1-10）。

（5）近世时期

18世纪欧洲文学艺术领域中兴起浪漫主义运动，在这种思潮影响下，英国开始欣赏纯自然之美，重新恢复传统的草地、树丛，于是产生了自然风景园。英国申斯诵的《造园艺术断想》，首次使用风景造园学一词，倡导营建自然风景园。

英国园林所经历的第一个阶段（18世纪20年代至80年代），集中体现为一种"庄园园林化"的风格，体现造园艺术对自然美的追求。第二个阶段为画意式的自然风致式园林，通过把庄园牧场化、把自然风致园林洁净化和简练化，呈现具有浪漫主义气息的自然式园林。第三个阶段使得英国式自然风致式园林的影响渗透到整个西方园林界，英式风景园的特征也更明确：一般是在自然式中加入一些人工几何式的建筑物，在园林的中心使用几何式，周边使用自然式；人工设施采用不对称排列，显得不呆板，并使人工物尽量自然化（图1-11）。

复习题

1. 园林规划设计的含义是什么？
2. 园林规划设计所包含的内容有哪些？
3. 园林规划设计师应具备哪些方面的专业知识？
4. 概括中国古典园林发展的简要历程。
5. 隋唐时期我国园林的特征是什么？
6. 日本江户时期园林的特征是什么？
7. 埃及古园林的特点是什么？

图1-10 法国沃·勒·维贡特府邸花园

图1-11 英国斯陀园

8. 法国古典园林的特点是什么?

2 现代园林规划设计的产生与发展

[教学要求]

· 掌握现代园林的基础知识。
· 了解现代园林规划设计的主要风格。
· 了解现代园林规划设计的主要倾向。
· 了解未来园林规划设计的发展趋势。

现代主义作为一场重要的社会思潮和文化运动,几乎影响到社会的所有领域,现代园林不可避免地也受到了其影响,现代主义为现代园林带来了前所未有的新设计理念和设计手法,并奠定了现代主义园林主流的地位。研究现代主义对现代园林的影响,有助于加深我们对现代园林作品及其理论的理解,并对我国现代园林设计理论的发展有着积极的作用。

2.1 现代主义与现代主义设计

2.1.1 现代主义的含义

现代主义作为一种社会思潮和文化运动,从意识形态方面影响着社会的各个领域甚至整个世界,完全改变了人们的意识形态、思维方式和价值观念。虽然它所具有的影响和表现形式各有差异,但现代主义的影响力广泛而又深刻。

现代主义主要指体现或贯穿于17世纪以来,首先在西方产生后逐渐扩散到世界其他各地新文明之中的基本精神或运行原则,如理性主义、世俗主义、科学主义、个人主义等。

2.1.2 现代主义的特征

现代主义作为一场思想运动,在文学、绘画、音乐、设计等不同的领域所表现的形式各不相同,但总的来说,它们都具有现代主义的共同特性,那就是先锋性、抽象性、人本性、进步性和民主性。

先锋性——现代主义最重要的特征,表现为对历史传统的反叛,追求建立一种新的秩序,一种崭新的文化和艺术规范。

抽象性——现代主义的本质在于使用一定的规则去评价某种规则自身的特殊方式,这种做法目的是在其能力范围内更坚实地巩固它,而不是推翻它。

人本性——现代主义使人实现了从神本主义向人本主义的转变,更强调人的重要性以及人的自我意识和需求,其本质是以人为中心的。

进步性——现代主义认为人类文化是由野蛮到文明、低级到高级、落后到先进的单向直线进步发展的,人类具有同一的本性、同一的理性、同一的文化形态乃至同一的历史进程。

民主性——现代主义与工业化带来了市场经济的快速增长,也带来了经济民主和大众文化。

2.2 现代园林的形成

一般认为,现代园林是指从在19世纪中叶美国城市公园运动中由美国著名风景园林规划设计师奥姆斯特德开创的整个园林发展阶段。他用一种新颖的、合理的方法应对城市里的环境,综合处理园林的存在,处理与城市地理特征、社会结构、技术手段甚至政治、文化等因素的关系。在当时,奥姆斯特德将园林系统纳入到城市结构中去的理念是极为先进的,也是针对当时美国城市面临一系列问题的综合、有效的回应。

奥姆斯特德以及与之持有相同观点的设计师们,在那一时期一系列的城市公园系统规划设计实践中的自然主义,和他们创造的优美的自然式景观,与十九世纪后半叶大城市恶劣的环境形成了极为鲜明的对比,满足了当时人们对生存环境改善、希望回归自然的需求。

2.3 现代园林设计的主要倾向

2.3.1 设计的创新

创新的本质是突破,即突破旧的思维定势、旧的常规戒律。创新是艺术思想的一种解放,也是艺术创作领域的开拓。园林的艺术形式是动态的,设计和艺术的真正乐趣还在于全新的领域,在于技术和艺术形式向前发展。

设计要素的创新——社会的发展带来了技术的更新,多领域多学科的交叉,也为现代园林带来了丰富而新鲜的思维和元素。现代设计师可以自由地应用光影、色彩、声音、质感等新型展示形式与地形、水体、植物、建筑与构筑物等传统形式创造园林与环境,使设计作品达到传统材料无法达到的规模和视觉观赏效果。

设计形式的创新——形式的创新代表着设计思维的突破,对传统的革新,对未来的展望。

2.3.2 形式与功能的结合

现代园林设计师们对现代主义设计中提倡的功能至上有其具体的理解,并非一味地追求枯燥、无味的形式而将功能绝对化。在现代社会，与传统园林的服务对象和装饰的观赏性不同，现代园林针对大众的使用功能已成为设计师们所关心的基本问题之一。现代园林不仅仅局限于视觉上的观赏效果，而是更注重形式与功能紧密结合，并且力求简明与满足人的使用功能。

2.3.3　现代与传统的对话

由于传统园林在其形成过程中已树立和具备了社会所认可的形象和含义，借助于传统的形式与内容去寻找新的含义或形成新的视觉形象，既可以使设计的内容与历史文化联系起来，又可以结合当地人的审美趣味，使设计具有现代感。因此，不少设计师将传统园林作为启迪设计与了解传统文化的场所，从中汲取合乎国情的形式与内容。在设计中，保留传统园林的内容和文化精神，或在整体上仍沿袭传统布局，在材料的处理方式与形式上却呈现一定的现代感；或保留传统园林中的造园素材，使用现代的一些布置手段。这种处理方式比直接引用一些"只言片语"的形式语汇要深入和复杂，要求设计师既要对传统文化有较深刻的理解和感悟，也要清楚现代设计中的各种手法。

2.3.4　场所精神

从某种程度上讲，每一设计实际上都是在创造一种场所，但是设计师只有更倾心地体验设计场地中隐含的特质，充分揭示场地的历史人文或自然物理特点时，才能领会真正意义上的场所精神，使设计本身成为一部关于场地上的自然资源、历史人文资源或其形成演化过程的美学教科书。场所是有清晰特性的空间，是由具体现象组成的生活世界。就"现象"而言，场所是由具有物质的本质、形态、质感及其颜色的具体的物所组成的一个整体。场所包括了自然场所和人为场所，自然场所是最基本的，经由对自然场所的理解，而构筑了人为场所。

2.3.5　生态与设计

全球化的环境恶化与资源短缺使人类认识到对大自然掠夺式的开发与滥用所造成的后果。应运而生的生态规划思想与可持续发展策略给社会、经济及文化带来了新的发展思路，越来越多的环境规划设计行业不断地吸纳环境生态观念。以土地规划、设计与管理为目的的园林行业也参与其中，园林规划设计界也有小部分设计师在设计时将生态与设计两者结合得较紧密的，他们可以称得上是真正的生态设计者。这些设计师不仅仅是在设计过程中结合或应用一些零星的生态知识或具有生态意义的工程技术措施，还在整个设计过程中贯穿一种生态与可持续园林的设计思想。

2.3.6　新科技与园林

随着现代科技的发展与进步，越来越多的先进技术应用到园林中，无论在施工工艺还是在创造景观方面，材料与现代科技的有机融合，大大增强了材料的景观表现力，使现代园林更富生机与活力。科学技术的发展和艺术的创新对现代园林形成新的传统展开了进攻，我们可以从两个方面来看待反传统的园林：一个方面涉及形体创作中的意向与材料，另一个方面是总体布局和构思。尽管在艺术和技术上会有种种条件制约，形式表达也主要与文化现象有关，但当使用非传统的、令人意想不到的材料，或用普通材料做成怪异形体时，就会产生一种与传统形式截然不同的意向。

2.3.7　以人为本

以人为本的思想是现代主义民主性的体现，在现代园林中，不仅设计服务对象是人，在设计过程中也要考虑到人的需要。随着城市发展，绿地开放，现代园林中大多数都是为公众设计的，极少为私人使用而设计，目的是为大众提供消遣娱乐的场所，同时为城市带来良好的生态环境，任何人不分年龄、性别、职位、有无残疾，都可以方便地使用公共园林。

2.4　未来园林的发展趋势

2.4.1　园林设计思想和风格的多元化、多样化

近一个世纪的风景园林设计思想的变迁历程主要表现为：从注重实体环境、空间形式到涉及时间、文化、历史变迁；从讨论客体到深入主体；从探讨人的群体到关注人的个体。风景园林设计体系的完善与创新，必然着眼于风景园林学科系统，建立起"人、场所、生态、功能、空间、材料、技术、文化"相互关联的思维模型，强调设计与建造过程的科学化，突出环境空间、场所、功能、文化及技术支撑的一体化整合设计，彻底突破设计要素、层面与方法彼此游离或简单叠加的设计模式，营造可持续的、有机和谐的人居环境。

2.4.2　园林与生产、生活、文化、生态、技术、自然等的综合

风景园林学的根本使命是以保护、规划、设计、管理等手段，在不同尺度的土地上，有智慧地、创造性地处理人和自然之间的关系。从这个意义上来讲，风景园林学不仅可以为人类社会，甚至还为地球生命共同体作出全面的、实质性的贡献。所谓全面，是指生态、生产、生活等多个层面。随着城市环境的不断恶化以及资源的日益短

缺，人们越来越认识到保护生态环境的重要性。因此作为改善和美化人类环境的园林行业来说，不能仅仅满足于人们对美学和功能的要求，现代园林更需要用生态和可持续发展的思想来指导设计。

2.4.3 城乡规划、建筑学和园林三方面的融合

当前社会经济迅猛发展，城乡建设一日千里，各种新的矛盾与问题不断涌现：可持续发展的问题、资源环境的危机、城乡矛盾的加剧等。建筑、园林、城乡规划三个学科作为与社会发展密切相关的领域也面临着新的发展形势，尤其是在学科交叉的领域呈现出更加活跃的生命力，这敦促我们一定要重视对学科未来发展趋势的关注与研究。建筑、园林、城乡规划三个方面各有特点和规律，但是在未来发展的过程中，三者需要互相依赖、融合、促进，立足各自的学科基础，整合发挥出最大优势。风景园林的发展也要与城市和建筑相结合，自觉地应用自身的前沿理论来解决现实面临的问题，增强本专业的发展势头。

2.4.4 专业设计人员与公众参与之间的协调

风景园林规划设计是一项公众事业，必须让全社会的人理解规划、认知规划、支持规划、自愿参与规划，让人民感受到周围的环境好坏与他们是息息相关的，从而增强公众参与规划的主动性和积极性。设计者应与公众一起设计——公众参与设计，这样设计出来的作品才会迎合公众的需求。在国外公众参与风景园林规划设计已得到较好的实践，应用广泛，而我国的建设项目大都没有实施实际意义上的公众参与，即使有也很少，所以，推行公众参与性设计就显得尤为重要。

复习题

1. 现代园林规划设计中对生态的考虑有哪些？
2. 现代园林规划设计中对传统的考虑有哪些？

3　园林规划设计基础知识

[教学要求]

· 掌握园林规划设计中形态的变化与组合及形态要素。

· 掌握园林艺术布局的基本法则。

· 掌握景观要素中的地形、植物、水体在设计中的作用和地位。

· 重点掌握园林的内容与形式。

· 重点掌握园林艺术布局的形式法则。

· 重点掌握建筑物在设计中的地位、作用。

· 了解园林规划设计的依据。

· 了解园林形式的确定。

3.1　园林规划设计的依据、内容与形式

3.1.1　园林设计的依据与原则

园林规划设计是融艺术和科学为一体的设计学科，其基本内容是将人的室外活动与场地有机地联系在一起，使人和室外环境互相协调，并在某种程度上使二者有所收益。园林设计师在富于想像力的室外环境创造中，利用传统或现代的专业技能，微妙地处理着场地和使用者对生态、社会、经济及审美等方面的关系，并在景观和情感上给人以极大的感染力，创造出一个有益于人、令人愉快的室外环境。

人与自然和谐共处是园林设计的根本目标，要达到这一目标，必须遵循必要的规律，正确地研究、分析和解决与室外环境有关的各类设计难题，创造出环境舒适宜人的游憩境域。

3.1.2　园林设计的内容与形式

园林规划设计将土地及景观视为一种资源，并依据自然、生态、社会与行为等科学的原则进行规划与设计，使人与资源建立一种和谐、均衡的整体关系，并符合人类对于精神上、生理健康与福利上的基本需求。

园林的内容是其内在诸要素的总和，园林的形式是其内容存在的方式，内容与形式之间是矛盾的统一体。没有无形式的内容，也没有无内容的形式。园林的内容决定其形式，园林的形式依赖于内容表达主题。同时，恰当的形式又可以充分地展现内容，良好地表达主题。内容和形式的关系又是相对的，作为一定内容的园林形式，可以成为另一种园林形式的内容。

世界各民族的造园运动因其各自文化传统的不同而形成不同的艺术风格，概括地讲有两种园林风格最典型：一种是以中国古典园林为代表的自然山水园林，另一种是以法国古典园林为代表的几何形园林。中国古典园林的特点是本于自然、高于自然，把人工美与自然美巧妙地相结合，从而做到"虽由人作，宛自天开"。

园林通常是根据一系列已知条件，加以设计和实施建造的。在任何情况下，已知的一系列条件看上去都不会满足要求，所以也就促使人们去寻求另一套新的条件，创造一种形式。任何设计过程的第一阶段就是去认识问题的所在，并把问题的现有条件详加整理，弄清来龙去脉，收集有关资料并加以消化。面对这些问题，设计者依据其所掌握的设计语汇的深度和广度，以及自身对形式组合的思路与特点，提出解决问题的方式。

3.1.3　形态要素

点、线、面、体是用视觉表达物质空间的基本要素，生活中人们所感观到的每个形状都可以简化为这些要素。人们见到的各种景观格局都是由这四种基本艺术要素以及色彩与质感组织在一起的。

（1）点

点表示位置，它既无长度也无宽度，是最小的单位。在平面构成中，点的概念是相对的，它可以是线的收缩，也可以是面的聚集。

在造型上，点如果没有形，便无法作视觉的表现，所以点必须具有大小和形态。以大小而言，越小的点，感觉越强；点越大，则越有面的感觉；但点如果过小，其存在之感亦随之减弱。就形态而言，现实中的点是各式各样的，整体分为规则点和不规则点两类。规则点是指严谨有序的圆点、方点、三角点等，不规则点是指那些自由随意的点。

点是视觉中心也是力的中心，单独的点本身没有方向位置上的连续性和指向性，但有画龙点睛的作用，它能产生积聚视线的效果，当画面上有一个点时，人们的视线就会集中于这点上。如北海的白塔、颐和园的佛香阁都使人产生了这种感觉。点还有一种跳跃感，使人产生对球体的联想；点还有一种生动感，使人产生对植物种子的联想；点还能造成一种节奏感，类似音乐中的节拍、锣鼓中的鼓点（图3-1）。

（2）线

在几何学定义中，线只有位置、长度而不具有宽度和厚度；从平面构成的角度讲，线是存在于点的移动轨迹和面的边界以及面与面的交界或面的断、切、截取处，既具有长度也有宽度和厚度。

线在平面构成中有着重要的作用，还因线有很强的心理暗示作用，所以不同的线能表达出不同的感情性格。直线具有很强的视觉冲击力，有力度和稳定感。直线中的水平线给人平和、寂静、稳定的平衡感，空间开阔、统一，使人联想到风平浪静的水面和远方的地平线。垂直线具有挺拔向上的感觉，代表尊严、永恒、权利，创造的景观端庄、严肃，使人联想到树、电线杆、广场上的旗杆等，有一种崇高的感觉。斜线具有方向性和活跃、运动、奔放的动感，但同时也易产生危险和毁灭感，让人联想到奔放的雕塑、山石的动势。粗直线有厚重、粗笨的感觉，细直线有一种尖锐、神经质的感觉（图3-2、图3-3）。

（3）面

面是线的连续移动至终结而形成的，它没有深度和厚度，只有宽度和长度。面是线的封闭状态，不同形状的线可以构成不同的面。在几何学中，面是线移动的轨迹，点的扩大。

面有几何形和自由形之分，几何形平面即直线或几何曲线的闭合形成的平面，自由形平面即自由曲线的闭合形成的平面。园林中的面状要素包括水面、场地、草坪、树林、建筑群等。在园林中，平面是围合空间的手段，限定形式和空间的三度体积。每个面的属性——尺寸、形状、色彩、质感及其空间关系，将最终决定这些面限定的形式所具有的视觉特征，以及它们所围起来的空间质量。例如，大地扮演着地平面的角色，紧密成行的树可以形成垂直的平面，而高挑的树枝能形成一个屋顶平面（图3-4、图3-5）。

图3-1 北海的白塔

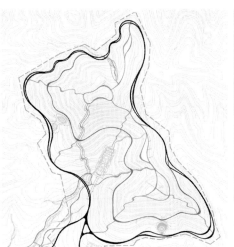

图3-2 景观平面中的曲线要素

图3-3 直线条应用

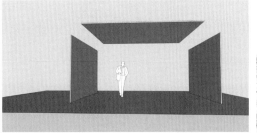

图3-4 空间中的面

图3-5 面的应用

（4）体

一个面沿某一方向（不是沿它的自身方向）运动而成"体"。一个体有三个量度：长度、宽度和深度。形状是体最基本的、可以辨认的特征。它由面的形状和面之间的相互关系所决定，其性格与面的性格和它们的组合方式密切相关。在园林设计中，体可以是实体，也可以是虚空，即由面所包容或围合的空间。

建筑、地形、树木和森林都是园林中的实体，其形态决定了其在园林中的视觉效果及空间性格。开敞的体可以由开敞的空间结构所界定，也能以密实的平面为边界，形成空洞。此外，园林中具有生命的元素——植物也是实体。植物是自由实体的典型，不仅因种类的不同而各异，而且因单株之不同结构亦各具姿态。植物姿态以枝为骨、叶为肉构成千姿百态的空间，在植物景观的构图和布局中影响着统一性和多样性（图3-6、图3-7）。

3.2 园林规划设计构成要素

园林规划设计是一门涉及生物、生态、环境、建筑、工程、社会、艺术等诸多方面的综合性设计艺术。它既是诸多学科的应用，也是综合性的创造；既有科学性，又有艺术性。从科学的角度出发，设计者必须考虑园林汇总诸多因素之间、人与环境之间的关系是否合乎科学规律，从艺术的角度出发，设计者更应该考虑景观的构图、立意和意境，使人获得视觉、听觉、嗅觉等综合的艺术享受。园林景观设计，虽有其技术方法，然而"法无定法"。

构筑优美的园林景观，离不开以下几大因素：地形、水体、植物、园林建筑和园林小品。

3.2.1 地形

（1）地形的定义及种类

土地是人类的生存之本，人类的所有活动与土地之间有着密切的关系，人类对土地有一种信赖感。地形是土地的一种外观形态，指的是地物形状和地貌的总称，具体指地表以上分布的固定性物体共同呈现出的高低起伏的各种状态。地形可通过规模、特征、坡度、地质构造以形态来进行分类。地形的形态是涉及土地的视觉和功能特征最重要的因素之一。按形态分类，地形通常包括：平地、凸地形、凹地形、谷底。地形的变化不仅丰富了园林景观，而且还形成了各具特色的园林空间。

平地指在视觉上与水平面相平行的土地基面，体现在自然界，水平地形既有规模上孤立的小块面积，也有面积宽广的大规模平原（图3-8）。

凸地形的表现形式有土丘、丘陵、山峦以及小山峰等。凸地形比周围环境的地形高，视线开阔，具有全角度、全方位景观，具有外向延伸性，空间呈发散状。凸地形的高耸感觉也表示出了权利和力量，其顶部具有强烈的控制性，适宜设置标志物，作为视线焦点。如在凸地形顶端布置楼阁、塔或树木等往往成为其所在地域内的标志性景观。凸地形可建立空间范围的边界，凸地形突出的顶部和陡峭的坡面强烈限制着空间（图3-9）。

图3-6 形体的穿插

图3-7 形体的组合

图3-8 平地形

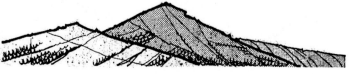

图3-9 凸地形

凹地形比周围环境的地势低，不是空间实体，而是一种呈碗状洼地的空间虚体，全方位呈封闭状。凹地形是一个具有内向性、不受外界干扰的空间，具有保护感、隔离感，形成静态、隐蔽的空间。凹地形内的空间视线较封闭，空间呈积聚性，既可观景，又可布景（图3-10）。

谷底与凹地形相似，在景观中是一个低地，是由两侧正地形夹峙的狭长负地形，呈线状，具有方向性。谷底属于敏感的生态和水文区域，常伴有小溪、河流以及相应的泛滥区。

（2）地形的功能

三种因素影响着我们对空间的感觉：空间的底面范围、封闭斜坡的坡度和地平轮廓线。其中，空间的底面范围是指空间的底部或基础平面；斜坡的坡度相当于户外空间的墙体，斜坡越陡，空间轮廓越鲜明；地平轮廓线是指斜坡的边缘或空间边缘。在区域范围内，地平轮廓线可被连绵不断、高低不同的山脊所制约，而这种连绵的空间又产生新的空间，观赏者在空间内移动，会产生不同的空间感觉。地形不仅可以控制一个空间的边缘，而且可以控制其走向，空间的走向一般是朝向开阔视野，类似于水体，总是流向较低、更开阔的地面。

设计者可利用地形来强调和展示某一景物，位于山顶的景物可引导游客视线，起到控制视线的作用；在山脊或谷底的景物，比较容易从较低的地点或对面斜坡观赏到，也起到了控制视线的作用。

地形在景观中可用于改善小气候，地形的正确使用可形成充分采光聚热的南向地势，从而使人类居住使用的空间，在一年中的大部分时间内都保持较温暖和宜人的状态（图3-11）。

3.2.2 水体

水是生命之源，人的生产生活离不开水。早期人逐水而居，人水和谐，人与水一直保持着亲密的关系。从哲学的视角来看，在时间上，水代表"消逝与永恒"，在空间上，水代表"生命与自然的活力和源泉"，水对于人或动植物的生命和生态意识是十分重要的。水在园林中是非常重要的，山水相依，刚柔相济，仁智相形，山高水长，气韵生动。

（1）园林水体的特征

水的常态是液态，自然液态水的形态有：泉、池、溪、涧、潭、瀑布、河、湖、海等，呈现"喷、流、滞、落"等四种运动方式。自然界不同的水形具有不一样的艺术特征及感官效应。

液态的水有静态和动态之分。静态的水体有水的肌理，给人以明快、恬静、休闲的感觉。动态的水体有流水、喷水等多种形式。自然的冰雪变化意味着季节的变化，千里冰封，万里雪飘，一片白茫茫的景象也别有一番情趣。水遇到温度等因素的影响会出现固态和气态的变化。水的气态实际上是水的浮游状态，呈云、雾、水珠等状态，无论是飘渺的云雾还是四溅的水珠，动态变化的水景都是园林中引人入胜的景观。

（2）园林水体的特性

水可动可静，使园林增添无穷景致；水可方可圆，使园林增添多种形态。水是造园的重要元素，古人常把水比为园林景观的血脉，"有水则活"。水具有清洁纯净的特质，成为清洁明净的象征。因为水的此种特质，心灵的洗涤往往和水联系在一起，利用清莹的泉水消除视觉疲劳，洗涤心灵。水还具有高度可塑性，水的形式由容器的形状而定，同时其外貌和形状也受到重力影响，形成流动的水。

（3）园林水体的造景形式

园林中的自然液态水有"喷、流、滞、落"四种运动方式，水体也有平静的、跌落的、喷涌的、流动的四种基

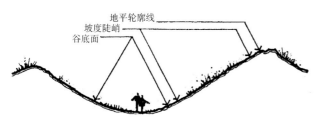

图3-10 凹地形

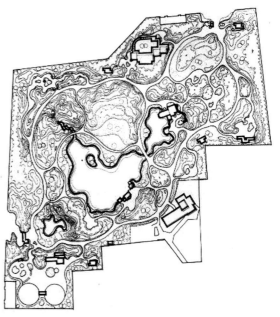

图3-11 北京丰台公园地形图

本形式。在水景设计中，可利用这些水体形式表现不同风格、不同意境的园林。

①平静的水——湖、池、潭

状如粼粼微波、潋滟水光的静止状态的水给人以明快、清宁、开朗或幽深的感受，不同大小面积的静水面可根据其形式而定义为湖、池、潭等种类。一般来说，湖海是园林中面积最大的水体形态类型，它往往具有平远宽广甚至一望无际的特征。宽广的水面易于舒张人的情怀，也易于组织景观，同时适于开展划船等水上活动（图3-12）。

②跌落的水——瀑布、壁泉、水帘、溢流与管流

瀑布因其极富动态美而往往成为园林中的主要景观，瀑布如飞一般地落入池潭或溪涧之中，水珠溅起，有声有色，形成动态感十足的景象。喷泉中的水分层连续流出，或呈台阶状流出成为跌水。在园林中，普遍利用地形变化塑造台阶式的跌水。因台阶高低不同、层次数量不同，构筑物的形式也有规则式、自然式及其他形式，故跌水可有不同形式、水量和声音各异的丰富景观（图3-13、图3-14）。

③喷涌的水——喷泉、涌泉

喷泉是指水从下而上的造景方式，包括天然喷泉与人工喷泉。天然喷泉指根据现场地形结构，因地制宜，仿照天然水景制作而成，如：壁泉、涌泉、雾泉、管流、溪流、瀑布、水帘、跌水、水涛、漩涡等。喷泉的形式有涌泉、跳泉、雾化喷泉、旱地喷泉、间歇喷泉等。其中，涌泉指水由泉眼冒出，不作高喷，称为涌泉。如济南市的趵突泉，就是在大自然中的一种涌泉。如果用人工设计不同压力及形状的水头，亦可产生不同形体、高低错落的涌泉。现今流行的时钟喷泉、标语喷泉，都是以小的水头组成字幕，利用电脑控制时间、涌出泉水而成（图3-15、图3-16）。

图3-12 平静的湖面

图3-13 溢流

图3-14 跌水

图3-15 喷泉

图3-16 涌泉

④流动的水——河流、溪涧

河流是长而流动的水体，园林中的河流景观通常借助自然水系，形成动感而天然的风光。溪一般泛指细长曲折的水体，涧则为谷中较深的水道。溪、涧等能表现出幽邃清静的性格美，使人置身于山林，感受到一种郊野的自然野趣和幽深意境（图3-17、图3-18）。

（4）园林水体的用途

不论何种形式的平静水面，都可像草坪铺装一样，作为其他园林要素的背景和前景。作为背景或前景的水体，首先要考虑水面应布置在需要映射的景物之前还是观景者与景物之间。所需映照的景物则决定了水面的大小。其次，水越深则水面越暗，越能增强倒影。

水的流动特性往往使水景成为视觉焦点，如瀑布和喷泉激越的水流和声响引人注目，会成为某一区域的焦点。在现代园林中还借助音乐和灯光等科技元素，营造出变化莫测、形式丰富多样的水景，以作为布局中的焦点。水可以改善环境，调节气候，控制噪音。其中矿泉水还具有医疗作用，负离子具有清洁作用，这些都不可忽视。在园林中，水体还肩负提供生产用水功能。生产用水中最主要是植物灌溉用水，其次是水产养殖用水，如养鱼、蚌等。园林水体还提供体育娱乐活动场所，如游泳、划船、溜冰、船模、冲浪、漂流、水上乐园等。

3.2.3 植物

在园林设计过程中，植物是具有生命力和动态感的重要的设计素材，能使环境充满生机与美感，并具有良好的生态功能。在园林设计过程中，利用植物造景，既要掌握植物本身的形体特征、视觉效果，同时也要考虑植物与周边环境及其他植物间的关系。

（1）植物的观赏特性

①植物的大小

形体大小是植物最重要的观赏特性之一，植物的大小直接影响着空间范围、结构关系以及设计的构思与布局。一般可将植物分成大中型乔木、小乔木、灌木、地被植物四类。

一般而言，乔木具体形高大、主干明确、分支点高等特点。大乔木的高度在成熟期可以超过12米，中乔木最大高度可达9~12米。这类植物往往成为显著的观赏因素，因其高度和体积，能构成室外环境的基本结构和骨架。在设计布局中，当大中型乔木居于较小植物之中时，它将占有突出的地位，可以充当视线的焦点，从而使布局具有立体轮廓。大中型乔木的树冠和树干都能成为室外空间的"天花板与墙壁"，在顶平面和垂直面上限定空间。

最大高度为4.5~6米的乔木为小乔木，这类植物能从垂直面和顶平面两方面限定空间。小乔木的树干能在垂直面上暗示着空间边界，当其树冠低于视平面时，它将会在垂直面上完全封闭空间。当视线能透过树干和枝叶时，这些小乔木像前景的漏窗，使人们所见的空间有较大的深远感。顶平面上，小乔木树冠形成室外空间的天花板，这样的空间常使人感到亲切。

灌木是指那些没有明显的主干、呈丛生状态的树木，最大高度为1~6米，一般可分为观花、观果、观枝干等三大类。在园林中，中高灌木能在垂直面上构成闭合的空间，灌木起到了墙体的作用。由中高灌木围合的空间顶部开敞，具有极强的向上趋向性，由两列大灌木构成的长廊型空间，能将人的视线和行动直接引导向终端。小灌木

图3-17 河流

图3-18 小溪

19

因其高度较低，不以实体来围合空间，而是以暗示的方式来限定空间，低矮的灌木可代替草坪成为地被覆盖植物（图3-19）。

地被植物是指某些有一定观赏价值，铺设于大面积裸露平地或坡地，或适于阴湿林下和林间隙地等各种环境覆盖地面的多年生草本和低矮丛生、枝叶密集或半蔓性的灌木以及藤本。草坪草是最为人们熟悉的地被植物，通常另列为一类。地被植物与矮灌木一样，在设计中也可以暗示着空间边缘。

②植物的外形

植物的外形基本类型有：圆柱形、水平展开形、圆球形、圆锥形、垂枝形，每一种形状的植物都因自身特点的不同而具有独特的设计用途。

圆柱形植物形态细长，顶部圆形。它们能为一个植物群和空间提供一种垂直感和高度感。水平展开形植物具有水平方向生长的习性，宽和高几乎相等。展开形植物的形状能使设计构图产生一种宽阔感和外延感，会引导视线沿水平方向移动。圆球形植物具有明显的球形形状，植物中有相当多的树种都是这一形式的，所以在设计布局上，该类植物在数量上也占有优势。圆锥形植物的外观呈圆锥形，整个形体从底部逐渐向上收缩，最后在顶部形成锥尖。圆锥形植物总体轮廓非常分明和特殊。垂枝形植物具有明显的悬垂或下弯的枝条，该类植物可用作为视觉景观的重点。在自然界中，低洼池沼常伴生着垂枝植物，如河床两旁常有众多的垂柳。

图3-19 大乔木、小乔木、灌木高度示意

尽管有些植物的形状极难描述，也不是所有的植物都能准确地符合上述分类，植物的形态仍是一个重要的观赏特征。在设计中，植物的形态是进行空间塑造、植物配置的重要考虑元素。

③植物的色彩

植物的色彩也是植物观赏特性的重要方面。一般来说，不同的色彩带给人的感觉不同，且因色彩易于被人看到，所以以色彩也是重要的设计元素。植物的色彩通过植物的各个部分呈现出来，如通过树叶、花朵、果实、枝条以及树皮等。

植物在一年四季呈现出各种奇丽的色彩和香味，表现出各种体形和线条，植物美的贡献是享不尽的。植物美最主要表现在植物的叶色上，绝大多数植物的叶片是绿色的，但植物叶片的绿色在色度上有深浅不同，在色调上也有明暗、偏色之异。这种色度和色调的不同随着一年四季的变化而不同。

④植物的季相

时间或时序显现为季相，这是时间和空间的形象交感。天地在时间的流程中默默地显现出春、夏、秋、冬四时周而复始的有序运行，而一年四季除了显现为气候炎凉的变化之外，更鲜明地显现为山水花木的种种具体形象的先后交替，这都可以称之为季相美。

植物是变化的，随着季节和生长的变化而在不停地改变其色彩、质地、叶丛疏密以及全部的特征。因此，植物是景观季相变化的重要媒介，不同季相特征的植物可体现"春季鲜花盛开，新绿初绽；夏季浓荫葱茏；秋季色叶斑斓；冬季枯枝冬态"的不同景观。

（2）植物的功能

在园林中，植物的功能作用主要表现为构成室外空间、遮挡不受欢迎的景观、护坡、导引、统一建筑物的观赏效果以及调节光照和风速。植物还能解决许多环境问题，如净化空气、水土保持、水源涵养、调节气温，以及为鸟兽提供巢穴和栖息地。另外，植物还可提升房地产的价值。

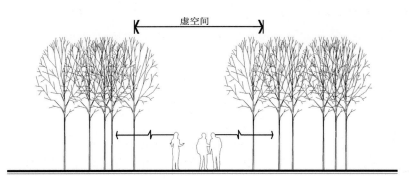

虚空间

图3-20 植物树干和树冠共同构成空间

植物在园林中能充当空间构成因素，在自然环境中，植物同样能成功地发挥它的建造功能。植物构成空间，所谓空间感的定义是指由地平面、垂直面以及顶平面单独或共同组合成的具有实在的或暗示性的范围围合。植物可以用于空间中的任何一个平面，在地平面上，以不同高度和不同种类的地被植物或矮灌木来暗示空间的边界。首先，树干如同直立于外部空间中的支柱，多以暗示的方式，而不仅是实体限制着空间。其次，在顶平面上，植物的枝叶犹如室外空间的天花板，限制了伸向天空的视线，并影响着垂直面上的尺度（图3-20）。

叶丛的疏密度和分支的高度影响着空间的闭合感。阔叶或针叶越浓密、体积越大，其围合感越强烈。在夏季，浓密树叶的树丛，形成一个闭合的空间，给人一内向的隔离感；而在冬季，同样一个空间，则比夏季显得更大、更空旷（图3-21、图3-22）。

在运用植物构成室外空间时，如利用其他设计因素一样，设计师应首先明确设计目的和空间性质（开敞、封闭、隐秘、雄伟等），然后才能相应地选取和组织设计所要求的植物。园林设计者也能用植物构成相互联系的空间序列，引导游人穿越一个个空间。在发挥这一作用的同时，植物能有效地缩小空间和"扩大"空间，形成欲扬先抑的空间序列。设计师在不变动地形的情况下，可以利用植物来调节空间范围内的所有方面，从而能创造出丰富多彩的空间序列（图3-23~图3-27）。

应该指出的是植物通常是与其他设计要素相互配合而共同构成空间轮廓。例如，植物可以与地形相结合，强调或削弱原有地形所形成的空间。如果将植物植于凸地形或山脊上，便能明显地增加地形凸起部分的高度，随之增加了相邻的凹地或谷底的空间封闭感。

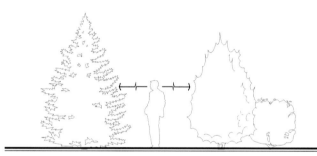

图3-21 在夏季视线封闭形成内向空间

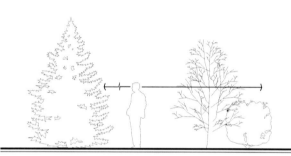

图3-22 在冬季视线开敞形成半开敞空间

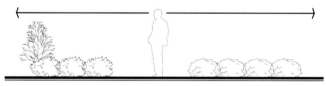

图3-23 低矮的灌木形成的开敞空间

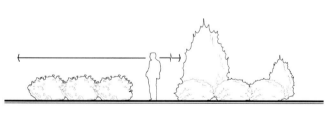

图3-24 低矮的灌木和高大的乔木形成的半开敞空间

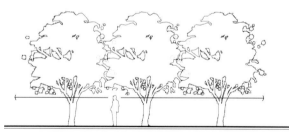

图3-25 高大的乔木形成的覆盖空间

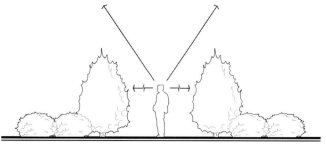

图3-26 封闭的垂直面形成垂直空间

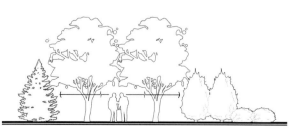

图3-27 完全封闭的空间

3.2.4 园林建筑

园林建筑是建造在园林和城市绿化地段内供人们游憩或观赏用的建筑物，常见的有亭、榭、廊、阁、轩、楼、台、舫、厅堂等建筑物。中国园林常采用廊、墙、栏杆等长条形的园林建筑，辅以山石花草，来组织和划分空间。以建筑构成的各种形状的庭院及游廊、花墙、园洞门等，是组织空间、划分空间的最好手段。

园林建筑在园林中主要起到以下几方面的作用：一是造景，即园林建筑本身就是被观赏的景观或景观的一部分；二是为游览者提供观景的视点和场所；三是提供休憩及活动的空间；四是提供简单的使用功能，诸如小卖、售票、摄影等；五是作为主体建筑的必要补充或联系过渡。

（1）园林建筑的分类

园林建筑按使用功能的不同可分为五大类：

①园林建筑装饰小品

园林建筑装饰小品指园林中体量小巧、数量多、分布广、功能简明、造型别致，以装饰园林环境为主，注重外观形象的艺术效果，同时要符合使用功能的精美设施。包括园椅、园灯、园林展览栏、园墙、园林栏杆等。

②服务性建筑

服务性建筑是为游人在游览途中提供一定服务的建筑。如：游船码头、小卖部、茶室、餐厅、接待室、小型旅馆、厕所等。

③游憩性建筑

游憩性建筑是供游人休息、游赏用的，造型优美，其本身也是景点或成为景观的构图中心。如：亭、廊、花架、榭、舫等（图3-28、图3-29）。

④文化娱乐性建筑

文化娱乐性建筑是供开展各种活动使用的。如：游艺室、俱乐部、演出厅、露天剧场、各类展览室、体育场、游泳馆、旱冰场等。

⑤园林管理类建筑

园林管理类建筑主要指公园、风景区的管理设施，一般供内部人员使用，包括园林大门、办公管理室、实验室、栽培温室、食堂、杂物院、仓库等。

（2）园林空间的分类

①封闭空间

封闭空间是用限定性比较高的建筑实体围合起来，在视觉、听觉等方面具有很强隔离性的空间。封闭性割断了场地与周围环境的流动和渗透，其特点是内向、收敛和向心的，有很强的区域感、安全感和私密性，通常也比较亲切。

②开敞空间

开敞空间的开敞程度取决于场地周边建筑的围合程度，以及建筑自身的立面形式等。相对封闭空间而言，开敞空间的界面围护的限定性很小。开敞空间是外向性的，限定度和私密性小，强调与周围环境的交流、渗透，通过对景、借景等手法，与周围空间融合。与同样大小的封闭空间比较，开敞空间显得更大一些，心理效果表现为开朗、活跃，性格是接纳性的。

③定向开敞空间

当建筑围合的空间缺少一面时，由此构成的空间具有指向开口处的方向性。这种空间如果面向风景，通常会成为布局汇总最佳观景点和最佳取景框。

④直线型空间

建筑群体所构成的另一种空间是直线型空间。这种空间的特性是空间的焦点集中在空间的一端，典型的例子是华盛顿政区的摩尔街。中国古代帝王陵寝的神道布局也有类似的特性。如果在这类空间的端口有重要的景物，应避免在空间两侧布置其他具有趣味的景物，以免削弱主要景物的吸引力。

⑤灰空间

灰空间是通过人的心理，用象征性的、暗示的、概念的手法来进行处理，也可以说灰空间是一种"心理空间"。没有明确的界面，但有一定的范围，处在室内与室外空间之中，与两个空间都相通，但又有自己的独立性。

图3-28 休息亭

图3-29 长廊

灰空间处于封闭与开敞空间之间、公共活动与个人活动之间、自然与人工之间，形成交错叠盖的布局。

3.2.5 园林小品

园林小品是园林中供休息、装饰、照明、展示和为园林管理及方便游人之用的小型建筑设施。一般没有内部空间，体量小巧，造型别致。园林小品既能美化环境，丰富园趣，为游人提供文化休息和公共活动的方便，又能使游人从中获得美的感受和良好的教益。

（1）园林小品的分类

园林小品按其功能一般分为以下几类：

①休憩类小品

休憩类小品的主要目的是提供一个干净且稳固的地方，供人们休息、等候、谈天、观赏、看书或用餐之用。此类小品包括各种造型的靠背园椅、凳、桌和遮阳的伞、罩等。常结合环境，用自然块石或用混凝土作成仿石、仿树墩的凳、桌；或利用花坛、花台边缘的矮墙和地下通气孔道来做椅、凳等；围绕大树基部设椅凳，既可休息，又能纳荫（图3-30）。

②装饰类小品

装饰类小品是指在园林中用于点缀、装饰建筑物等景物的小品，如各种固定的和可移动的花钵、饰瓶，可以经常更换花卉。装饰性的日晷、香炉、水缸，各种景墙、景窗、雕塑、栏杆等，在园林中起点缀作用。

③结合照明的小品

用于照明的景观灯也是园林中重要的小品，包括灯

的基座、灯柱、灯头、灯具本身等都有很强的装饰作用（图3-31）。

④展示类小品

展示类小品主要指在园林中具有指示功能，或用来进行精神文明教育和科普宣传、政策教育的设施。这类小品包括各种布告板、导游图板、指路标牌以及动物园、植物园和文物古建筑的说明牌、阅报栏、图片画廊等，都对游人有宣传、教育的作用。

⑤服务类小品

服务类小品与人们的游憩活动密切相关，为游客提供方便。这类小品包括为游人服务的饮水泉、洗手池、公用电话亭、时钟塔等；为保护园林设施的栏杆、格子垣、花坛绿地的边缘装饰等；为保持环境卫生的废物箱等。

⑥游憩健身类小品

游憩健身类小品包括儿童类设施如秋千、滑梯、沙坑、跷跷板等，还包括成人类设施如健身器械、按摩步道等，能使园林环境更加生动、有趣。

（2）园林小品的用途

园林小品虽属园林中的小型艺术装饰品，但其影响之深、作用之大、感受之浓的确胜过其他景物。一个个设计精巧、造型优美的园林小品，犹如点缀在大地中的颗颗明珠，光彩照人，对提高游人的生活情趣和美化环境起着重要的作用，成为广大游人所喜闻乐见的点睛之笔。例如上海东风公园门洞，隐现出后面姿态优美的吹笛女雕塑，为游览者提供了一幅动人的景观，强烈地吸引着人们的视线，自然地把游人疏导至园内。无论是扇面景窗或景墙门洞、天棚圆孔，虽然都是园林小品，但在造园艺术上意境上却是举足轻重的。可以说园林小品的地位，如同一个人的肢体与五官，它能使园林这个躯干表现出无穷的活力、个性与美感（图3-32、图3-33）。

图3-30 坐凳

图3-31 景观灯

图3-32 包含传统元素的景墙

图3-33 以音乐为主题的塔

3.3 园林艺术布局

园林布局就是在选定园址或称之在"相地"的基础上，根据园林的性质、规模、地形特点等因素，进行全园的总布局，通常称之为总体设计。不同性质、不同功能要求的园林，都有着各自不同的布局特点。不同的布局形式必然反过来反映不同的造园思想，所以，园林的布局即总体设计是一个园林艺术的构思过程，也是园林的内容与形式统一的创作过程。

3.3.1 园林艺术布局的形式法则

在园林设计作品中，形式组合的方式是多样的，运用组合原理可在园林构图中产生一种秩序，这种原理被称之为秩序原理。园林设计的内容纷繁复杂，其形式必然地存在着多样性和复杂性。园林的形式和空间必须要考虑到功能、服务对象、要表达的目的和意义以及项目所在地的周围环境。

（1）轴线与对称

所谓轴线，是指由被摄对象的视线方向、运动方向和相互之间的关系形成一条假定的直线。由视线方向和运动方向形成的轴线称为方向轴线，由相互之间位置（两个物体以上）形成的轴线谓之关系轴线。

轴线是园林空间和组合形式中最常用、最原始的方法。轴线具有强有力支配全局的能量，轴线两侧的物体要求呈现平衡的状态。在规则式园林中，轴线出现的频率相对较高。强烈而明显的轴线结构产生出来的是庄重、开敞、明确的景观感受。轴线布置方法适用于大型的、有庄严气氛的帝王宫苑、纪念性园林、广场园林等。

在我国传统园林中，利用轴线组织园景的实例也有很多。使用轴线的此种园林类型多应用在规模较大的皇家园林中，常以严整的轴线形式出现。如故宫乾隆花园以轴线统领全局，轴线两侧建筑相对自由布置，严整有序的同时还变化丰富。在我国传统园林中，也有轴线使用得比较含蓄的实例。如在江南私家园林的布局过程中，也存在着一些与轴线作用相同的、统领全局的"线"，通常被称为"对景线"，其作用是在松散中取得秩序，这是传统山水园的特色和重要手法（图3-34）。

（2）韵律和重复

韵律近似节拍，是一种波浪起伏的律动，当形、线、色、块整齐而有条理地重复出现，或富有变化地重复排列时，就可获得韵律感。几乎所有类型的园林都含有本质上可以重复的要素。园林的韵律是多种多样的，有由一种组成部分的连续使用和重复出现的有组织排列的运用，如路边种植的行道树等；有运用各种造型因素作有规律的纵横交错、相互穿插等手法，形成丰富的交替韵律，如同种景观树与同型坐凳在休憩广场上重复出现等；有利用一些造园元素在体量大小、高矮宽窄、色彩浓淡等方面作有规律的增减，以造成统一和谐的渐变韵律，如在道路铺装或广场铺装中，用几种材料或色彩不同的同种材料铺成四方连续的图案，形成交错韵律（图3-35、图3-36）。

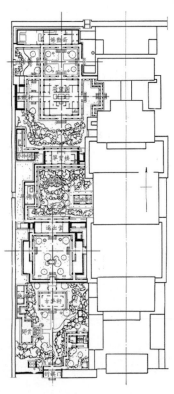

图3-34 故宫乾隆花园平面图

图3-35 明暗的对比

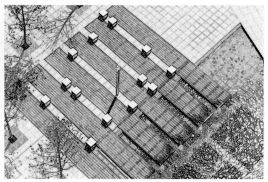

图3-36 形象的对比

（3）对比与调和

对比与调和是运用布局中的某一因素（如体量、色彩、质感等）的差异取得不同艺术效果的表现形式，也可以说是利用人的错觉来互相衬托的表现手法。差异程度显著的表现称对比，构图元素间能彼此对照互相衬托，更加鲜明地突出各自特点。对比的因素存在于相同或相异的性质之间。如果把相对的两要素互相比较，就会产生大小、明暗、黑白、强弱、粗细、疏密、高低、远近、动静、轻重的感觉。对比的最基本要素是显示主从关系和统一变化的效果。

（4）比例与尺度

比例与尺度也是园林绿地构图中常用到的基本概念，比例有两方面的含义：一是园林景物整体或某个局部构件本身的长、宽、高比例；二是园林景物整体与局部或局部之间空间形体、体量大小的关系。尺度指的是景物、建筑物的整体和局部构件与人或人所习见的某些特定标准的大小关系。

比例和尺度直接影响园林绿地的布局和造景。某些几何形体本身即具有良好的比例，如圆形、正方形、等边三角形、正多边形、黄金比长方形等，它们在园林中的应用容易吸引人的注意。园林的整体或园林中某个景物的整体和局部之间往往也需要遵从一定的比例，这样可获得较好的艺术感染力，如中国古典园林要于方寸之地，呈现自然山水，比例的运用也十分讲究，传统上的配置无论树木、山石或其他装饰小品，都是小型的，尺度亲切适宜（图3-37）。

3.3.2 园林形式的确定

园林的内容确定其形式，园林的形式依赖于内容表达主题。

园林中的要素和体系都必须是相互联系、相互依存和相互增强的，以形成一个统一的整体。当这些要素和体系作为整体的各个布局已形成明显的相互关系时，园林秩序

得以稳固。

（1）根据园林的性质

不同性质的园林，必然有不同的园林形式，力求园林的形式反映园林的特性。纪念性园林、植物园、动物园、儿童空间等，由于各自的性质不同，决定了各自与其性质相对应的园林形式。如美国华盛顿林肯纪念堂周边的越战纪念碑，越战纪念碑的设计更强调人们寄托的思念和哀伤，纪念碑用黑色的、像两面镜子一样的花岗岩墙体组成，两墙相交的中轴最深，约有3米，逐渐向两端浮升，直到地面消失。V型的碑体向两个方向各伸出200英尺，分别指向林肯纪念堂和华盛顿纪念碑，通过借景让人们时时感受到纪念碑与这两座象征国家的纪念建筑之间密切的联系（图3-38）。

（2）根据不同的文化传统

各民族、国家之间的文化、艺术传统的差异，决定园林形式的不同。中国由于传统文化的沿袭，形成了自然山水园的自然式规则形式。而同样是多山的国家意大利，由于传统文化和本民族固有的艺术水准和造园风格，即使是自然山地条件，意大利的园林也采用了规则式（图3-39）。

图3-37 苏州网师园

图3-38 华盛顿越战纪念碑

图3-39 意大利规则式园林

（3）根据不同的意识形态

西方流传着许多希腊神话，神话把人神化，描写的神实际上是人。结合西方雕塑艺术，西方园林把许多神像规划在园林空间中，而且多数放置在轴线上，或轴线交叉中心点。而中国的道教，传说描写的神仙则往往住在名川大山中，所有的神像在园林中的应用一般供奉在殿堂之内，而不展示在园林空间中，几乎没有裸体神像。上述都说明不同意识形态对园林形式的影响。

3.3.3 园林布局的形式

（1）规则式园林

规则式园林又称整形式、几何式、建筑式园林。整个平面布局、立体造型以及建筑、广场、街道、水面、花草树木等都要求严整对称。在18世纪英国风景园林产生之前，西方园林主要以规则式为主，其中以文艺复兴时期意大利台地园和19世纪法国勒诺特平面几何图案式园林为代表。我国的北京天坛、南京中山陵都采用规则式布局。规则式园林给人以庄严、雄伟、整齐之感，一般用于气氛较严肃的纪念性园林或有对称轴的建筑庭院中（图3-40、图3-41）。

（2）自然式园林

自然式园林又称风景式、不规则式、山水派园林。中国园林从周朝开始，经历代的发展，不论是皇家宫苑还是私家宅园，都是以自然山水园林为源流。发展到清代，保留至今的皇家园林，如颐和园、承德避暑山庄；私家宅园，如苏州的拙政园、网师园等都是自然山水园林的代表作品。其从6世纪传入日本，18世纪后传入英国。自然式园林以模仿再现自然为主，不追求对称的平面布局，立体造型及园林要素布置均较自然和自由，相互关系较隐蔽含蓄。这种形式较能适合于有山有水有地形起伏的环境，以含蓄、幽雅、意境深远见长（图3-42、图3-43）。

图3-40 规则式园林的地形和轴线

图3-41 规则式水池

图3-42 自然式植物配置

图3-43 自然式园林中的景观桥

（3）混合式园林

所谓混合式园林，主要指规则式、自然式交错组合，全园没有或形不成控制全园的主中轴线和副轴线，只有局部景区、建筑以中轴对称布局，或全园没有明显的自然山水骨架，形不成自然格局。一般情况，多结合地形，在原地形平坦处，根据总体规划需要安排规则式的布局；在原地形条件较复杂，具备起伏不平的丘陵、山谷、洼地等，结合地形规划成自然式。类似上述两种不同形式规划的组合即为混合式园林。

3.4 园林规划设计程序

对于园林设计工作者来说，在得到甲方（业主）邀请后，才能对某个区域或者场地进行规划或设计。整个规划设计的过程可划分5个阶段，即承接任务阶段、基地调查和分析阶段、规划阶段或方案设计阶段、扩大初步设计阶段和施工图阶段。

（1）承接任务阶段

作为一个建设项目的业主（俗称"甲方"）会邀请一家或几家设计单位进行方案设计。作为设计方（俗称"乙方"）在与业主初步接触时，要了解整个项目的概况，包括建设规模、投资规模、可持续发展等方面，特别要了解业主对这个项目的总体框架、方向和基本实施内容。总体框架、方向确定绿地实施的基本内容和服务对象。把握好这两点，规划设计的总原则就可以正确制定了。

（2）基地调查和分析阶段

规划设计师要到基地现场勘察，收集规划设计前必须掌握的原始资料。这些资料包括：①所处地区的气候条件，如气温、光照、季风风向、水文、地质土壤（酸碱性、地下水位）等；②周围环境，主要道路，车流人流方向；③基地内环境，湖泊、河流、水渠分布状况，各处地形标高、走向等。

收集与设计相关的资料后要对整个基地及环境状况进行综合分析，收集来的资料和分析的结果可用图表、表格或图解的方式表示，通常用基地资料图记录调查的内容，用基地分析图表示分析的结果。

（3）规划阶段或方案设计阶段

在着手进行总体规划构思之前，必须认真阅读业主提供的"设计任务书"（或"设计招标书"），要将业主提出的项目总体定位作一个构想，并与抽象的文化内涵以及深层的警世寓意相结合，将这些规划内容融合到规划构图中去。

构思草图只是一个初步的规划轮廓，接下去要将草图结合收集到的原始资料进行补充、修改，逐步明确总图中的入口、广场、道路、湖面、绿地、建筑小品、管理用房等各元素的具体位置。

最后，将规划设计方案的说明、投资估算、水电设计的主要节点，汇编成文字部分；将规划设计平面图、功能分区图、绿化种植图、小品设计图及全景透视图、局部景点透视图，汇编成图纸部分。文字部分与图纸部分的结合，就形成一套完整的规划方案。

（4）扩大初步设计阶段

规划设计方案完成后应协同委托方共同商议，然后根据商讨结果对方案进行修改和调整。一旦初步方案定下来后，要就全面地对整个方案进行各方面详细的设计，进行深入一步的扩大初步设计（简称"扩初设计"）。

在扩初设计中，应该有更详细、更深入的总体规划平面，总体竖向设计平面，总体绿化设计平面，建筑小品的平、立、剖面（标注主要尺寸）。在地形特别复杂的地段，应该绘制详细的剖面图。在剖面图中，必须标明几个主要空间地面的标高（路面标高、地坪标高、室内地坪标高）、湖面标高（水面标高、池底标高）。

在扩初文本中，还应该有详细的水、电气设计说明，如有较大用电、用水设施，要绘制给排水、电气设计平面图。

一般情况下，经过方案设计评审会和扩初设计评审会后，总体规划平面和具体设计内容都能顺利通过评审，这就为施工图设计打下了良好的基础。总的说，扩初设计越详细，施工图设计越省力。

（5）施工图阶段

施工图阶段是将设计与施工连接起来的环节，根据所设计的方案，结合各工种的要求分别绘制出具体、准确地指导施工的各种图纸。这些图应能清楚、准确地表示出各项设计内容的尺寸、位置、形状、材料、种类、数量、色彩以及构造和结构，完成总平面放样定位图（俗称方格网图），竖向设计图（俗称土方地形），一些主要的大剖面图，土方平衡表（包含总进、出土方量），水的总体上水、下水、官网布置图，主要材料表，电的总平面布置图，系统图等及各个单体建筑小品的设计。

业主拿到施工图纸后，会联系监理方、施工方对于施工图进行看图和读图。看图属于总体上的把握，读图属于具体设计节点、详图的理解。之后，由业主牵头，组织设计方、监理方、施工方进行施工图设计交底会。在交底会上，业主、监理、施工各方会提出看图后所发现的各专业方面的问题，各专业设计人员进行答疑，一般情况下，业主方的问题通常为设计总体上的协调、衔接；监理方、施工方的问题常提及设计节点、大样的具体实施，双方的侧重点不同。由于上述三方是有备而来，并且有些问题往往是施工中的关键节点，因而设计方在交底会前要充分准备，会上要尽量结合施工图纸当场答复，现场不能答复的，要考虑后尽快做出答复。

复习题

1. 园林规划设计形式的组成要素有哪些？
2. 园林规划设计形态变化与组合包括哪些形式？
3. 园林规划设计的依据是什么？
4. 简述地形、植物、水体在园林规划设计中的地位和作用。
5. 说明建筑物在园林规划设计中的地位和作用。
6. 园林艺术布局的基本原则是什么？
7. 园林艺术布局中的秩序原理有哪些？基本内容有哪些？

第二部分

各　论

4 风景区规划与设计

[教学要求]

- 掌握风景区规划的基本内容。
- 掌握风景区总体规划的布局、分区等内容。
- 了解风景区规划中各分项规划的相关内容。

4.1 概述

4.1.1 风景区的相关概念

（1）风景区

风景区是指风景资源集中，自然环境优美，具有一定的规模和游览条件，经县级以上政府审定命名、划定范围，供人们游览、观赏、休息或进行科学文化活动的地域。风景区有如下内涵：

①风景区是以富有美感的自然风景作基础的地域。从传统审美视角看，自然风景美包括自然风景的宏观形象美、色彩美、线条美、动态美、静态美、视觉美、听觉美、嗅觉美等，颇具丰富自然美学价值。

②风景区是自然景观多具有典型性和代表性的地域。

③风景区一般都有成百上千年的历史，无不留下与自然风景融为一体的人文景观，颇具历史文化价值。

④风景区自然氛围较浓，是生态环境优良的地域。

⑤风景区是一种特殊用地，是从人类作为谋取物质生产或生活资料的土地中分离出来，成为专门满足人们精神文化需要的场所。

⑥风景区是具多种功能的地域，在风景区内可开展游览、审美、科研、科普、文学创作、度假、锻炼，以及爱国主义教育等多项活动。

（2）风景区规划

风景区规划是保护培育、开发利用和经营管理风景区，并发挥其多种功能作用的统筹部署和具体安排。经相应的人民政府审查批准后的风景区规划，具有法律权威，必须严格执行。

风景区总体规划是驾驭整个风景区保护、建设、管理、发展的基本依据和手段，是在一定空间和时间内对各种规划要素的系统分析和统筹安排。这种综合与协调职能，涉及当地资源、环境、历史、现状、经济社会发展态势等领域，规划时需要深入调查研究，把握主要矛盾和对策，充分考虑风景区环境、社会、经济三方面的综合效益。

全国各级风景区必须编制包括下列内容的规划：确定风景区性质，划定风景区范围及其外围保护地带，确定风景区发展目标，划分景区和其他功能区，确定保护措施和开发利用强度，确定游览接待容量和游览组织管理措施，统筹安排基础设施、公共服务设施及其他必要设施，估算投资和效益，其他需要规划的事项等。

4.1.2 风景区的类型

目前风景名胜区的类型划分主要有三种：

（1）根据景观系统的价值进行分类

①国家级风景名胜区，即具有重要的观赏、科学及文化价值，景观独特，规模较大的风景名胜区；

②省级风景名胜区，即具有较重要的观赏、科学或文化价值，景观具有地方代表性，有一定规模和设施条件，在省内外有影响的风景名胜区；

③市（县）级风景名胜区，即具有一定观赏、科学或文化价值，环境优美，规模较小，设施简单，以接待本地区游人为主的风景名胜区。

（2）根据风景资源的特点，可以将风景名胜区分为八大类型

①山岳型风景名胜区，如陕西华山、安徽黄山、河南嵩山、四川峨眉山等；

②湖泊风景名胜区，如江苏太湖、杭州西湖、昆明滇池等；

③河川风景名胜区，如桂林漓江、长江三峡、武夷山九曲溪等；

④海滨风景名胜区，如山东青岛、辽宁大连等；

⑤森林风景名胜区，如福建武夷山、陕西秦岭等；

⑥石林瀑布风景名胜区，如云南石林、贵州黄果树瀑布等；

⑦历史古迹名胜区，如西安古都、北京古都、苏州园林等；

⑧革命纪念地，如陕西延安、南京中山陵、贵州遵义等。

（3）按占地大小分

小型风景区：大得小于20平方千米

中型风景区：20平方千米至100平方千米

大型风景区：101平方千米至500平方千米

特大型风景区：大于500平方千米

4.1.3 风景区规划设计的基本原则

风景区规划设计既不同于传统的景区规划设计，也不同于城市园林规划设计。风景区景物天成，非人工所造，其最突出的特色是和谐的自然美。因此从整体来讲，进行规划设计时要充分体现自然美。具体来说，应遵循以下基本原则。

（1）依照法规政策进行规划设计

必须严格遵守国家有关风景区、旅游、文物、环保等方面的法律法规，贯彻改革、开放政策，执行《风景名胜区规划规范》等技术规定。

（2）因地制宜原则

风景区规划应严格保护自然与文化遗产，保护原有的景观特征和地方特色，维护生物多样性和生态良性循环。在全面了解区域基础状况的情况下，进行合理分析和评价，在规划中要保留当地特色景观，优化风景资源，打造特色景区。

（3）整体协调原则

风景区规划应从宏观角度把握景区与周边环境、经济、人文之间的关系，在风景区内部系统完整的基础上，协调相关区域，形成更大范围的整体和系统。城市近郊风景区的规划应与国土规划、区域规划、城市总体规划、土地利用总体规划及其他相关规划相互协调或衔接。在统一协调的基础上，避免内容雷同、设施重建等现象，突出各自的特色，互相协调，形成统一的整体。

（4）生态优先原则

风景区作为旅游开发的重点资源，对社会和经济起着十分重要的作用，但我们必须认识到自然环境、生态系统是人类生存的根本。维持风景区生态系统健康和稳定性是风景区可持续发展的必要条件之一。风景区作为国家自然与文化遗产保存最集中的区域，各种规划行为都要以保护与永续利用为前提，使这些宝贵的自然与文化遗产能够真实与完整地永续传承，在满足当代人欣赏、享用的同时能够满足后代人的需要，在满足本国人欣赏、享用的同时能够满足其他国家人们的需要。风景资源的永续利用是在保证区域生态系统完整的前提下才能够实现，在规划时，唯有把景区生态放置在首位，合理保护和利用资源才能实现最终目标。

（5）有度、有序、有节律地可持续发展原则

合理权衡风景区环境、社会、经济三方面的综合效益，权衡风景区自身健全发展与社会需求之间的关系，防止景区人工化、城市化、商业化的倾向，促使景区有度、

有序、有节律地可持续发展。

4.1.4 风景区规划设计的内容和步骤

（1）风景区规划设计的主要内容

风景区规划设计是切实保护景观资源，进行合理利用、开发建设和科学管理的综合部署。其基本任务是：确定风景区的范围、规模、景观特征、环境容量、开发方针；合理划景区和功能分区，组织风景区旅游交通与服务；综合协调各方面的关系，统筹安排基础设施、服务设施、管理宣教设施、保护设施等；拟定保护、开发技术和管理措施；核算开发建设投资，评估效益。

根据2000年建设部颁布发行的《风景名胜区规划规范》行业标准的要求，风景区总体规划的基本内容如下：

①基础资料与现状分析

基础资料应根据风景区的类型、特征和实际需要，整理出相应的调查提纲，对包括地理、自然条件、社会经济概况、交通状况、历史沿革、土地利用、建筑工程、环境资料、风景区建设与旅游现状等内容进行调查和统计。

② 风景资源评价

风景资源评价应包括：景源调查、景源筛选与分类、景源评分与分级、评价结论四部分。

③总体规划总则

总体规划总则包括规划指导思想，规划原则，规划依据，风景区范围、性质与发展目标。

确定风景区规划范围是规划的基础，规划范围的划定界限必须有明确的地形标志物为依托，既能在地形图上标出，又能在现场立桩标界。在地形图上所标出的标界范围，也是风景区面积的计算依据，并且在规划阶段的所有面积计量，均应以同精度的地形图的投影面积为准。

④规划总体布局

规划总体布局包括风景区总体分区、结构与布局。风景区应依据规划对象的属性、特征及其存在环境进行合理区划，并应遵循同一区域内规划对象的特性与其存在环境基本一致，同一区域内的规划原则、措施与其成效特点应基本一致，规划分区应尽量保持原有的自然、人文、现状等单元界限的完整性等原则。

⑤专项规划

专项规划包括保护培育规划、风景游赏规划、典型景观规划、游览设施规划、基础工程规划、居民社会调控规划、经济发展引导规划、土地利用协调规划、分期发展规划等。

上述这些专项规划都有根据自身的规划特点而设定的

专项规划内容。

（2）风景区规划的主要程序

风景区规划应分为总体规划和详细规划两个阶段进行，大型而又复杂的风景区，可以增编分区规划和景点规划，一些重点建设地段，也可以增编控制性详细规划或修建性详细规划。

①风景区规划的分期规划

近期规划：5年以内

远期规划：5—20年

远景规划：大于20年

②风景区规划的主要程序

a．前期准备工作：主要包括规划方与甲方签订规划设计协议书，明确规划范围、规划原则和规划主要内容。

b．外业调查工作：主要包括自然地理调查、社会经济调查、景观景点调查、旅游开发调查和旅游市场调查。

c．规划设计工作：主要包括对调查资料进行整理、分类、综合分析，为规划设计提供基础资料；依照国家风景区总体规划规范，结合本风景区特点设计，拟定规划设计大纲，按专业分工编写设计方案；在各专业规划设计基础上，专人负责统稿，编写风景区总体规划设计方案，绘制有关图表；向风景区筹建单位征询意见，修改补充，完善规划文本，并提交评审会议评审。经评审后，进一步修改完善，印制风景区规划设计成果。

4.2 风景区总体规划

风景区规划是为了集中组织与展示风景区的独特风貌，根据景观的特点及其地理位置和历史条件，在对景观资源现状分析与评价的基础上，按市场需求、资源保护、发展战略与结构布局的要求，通过综合安排游览观光的主体与客体的关系，组织形成具有一定品位、达到一定规模、一定格局的观赏环境体系。风景区规划是实施风景区战略的重要技术步骤，一般要经过分析与组织、结构与布局、景区的划分等步骤来完成。

风景区规划是一项系统的工程。它囊括了景观资源调查与评价，旅游市场调查与评价，风景区发展方向和目标的定位，风景区总体布局的研究，各种支持设施项目的安排、建成的运行管理、完善等。其中，对景观的分析与组织是进行风景区规划的主要内容与工作重点。

景观是风景区内可以引起视觉感受的一种现象，或某一区域内具有某一特征的景象。在风景游赏规划中，景观是其主要的规划素材。从某种意义上说，风景区规划就是

对其景观进行调控和优化组合。

4.2.1 风景区规划的范围、性质

（1）风景区范围的确定

①范围确定的意义

确定风景区范围是风景区规划的重要内容，是风景区建设管理中各种面积计量的具体依据，也是风景区规划水平及其可比性的基础。同时，规划确定的风景区范围就是未来风景区的管辖范围，是受法律和法规保护的。

②范围确定原则

风景区范围确定应依据以下原则：

a．景源特征及其生态环境的完整性原则

景源是风景区存在的基础，其特征、价值和生态环境是风景区存在的基础，保障景源及生态环境的完整性是确定风景区范围界限的首要原则，不得因划界不当而损坏其特征、价值和生态原则。

b．历史文化与社会的连续性

在一些历史悠久和社会因素丰富的风景区划界中，应维持其原有的历史特征，保持其社会延续性，使历史、社会、文化遗产以及环境得以保存，并能永续利用。

c．地域单元的相对独立性原则

在对待地域单元矛盾时，应强调其相对独立性，不论是自然区、人文区、行政区、线状区等形式，在划界中均应考虑其相对独立性及其带来的主要状态关系。

d．保护、利用、管理的可行性原则

在对待风景区资源利用方面，应分析所在地的环境因素对景源保护的要求、经济条件对开发利用的影响、社会背景对风景区进行管理，综合考虑风景区与其社会辐射范围的供需关系，提出风景区保护利用、管理的必要范围。

③范围界定与计算要求

a．应有明确的地形标志物为依托

规划范围和具体界限必须以明确的地形标志物为依托，使其既能在地图上标出，又能在现场定桩标界。当风景区与行政区划发生矛盾，要从保护和合理利用这些自然资源的角度，积极与行政主管部门相协商，协调好责权关系，以便最终确定边界。

b．依地形图作为面积计量依据

风景区的标界范围是风景区面积的计量依据，也是风景区规划建设与管理的基本依据，因此必须统一面积计量的依据。在进行具体计算时，应以实测地形图的标界范围为面积的计量依据。

c．各类面积为投影面积

规划阶段的所有面积计算，均应以同精度的地形图的投影面积为准，投影面积可借助专业电脑软件进行计算，或采用传统的网格法、网点法、面积重量法等进行测算。

（2）风景区性质的确定

风景区的性质是指规划的风景区区别于其他风景区的根本属性。风景区性质的确定要依据区域的典型景观特征、欣赏特点、资源类型、区位因素以及发展对策与功能来确定。

①确定依据

风景区性质的确定依据一般包含特征、功能、级别三项内容。其中，特征的考量要以景源评价结论为基础，综合考虑景观、景源同其他资源之间的关系，并参照现状分析其中关于风景旅游区的发展优势和区位因素。功能和级别的考量要结合风景区的发展动力、对策以及规划指导思想，参考风景区发展的社会经济技术条件，以及其在相关范围、相关领域的战略地位，最终拟定风景区的级别定位与综合功能。

②确定方法

综上所述，风景区性质的确定方法如下：

a．风景区景观特征确定

确定风景区典型特征一般分成若干个层次进行表达，后一层次为前一层次进行说明和补充，使整个层次所表述的景观特征特色鲜明、内涵丰富。

b．风景区功能确定

风景区的功能一般从以下几个方面选择：游憩娱乐、旅游观光、认识求知、休养保健、科教、保育保护、生产与经济等。

c．风景区级别的确定

对于已正式列入三级名单的风景区应肯定其级别，对于尚未定级的风景区，规划者可称其为具有国家级意义或省级意义或市级意义的风景旅游区。

4.2.2　风景区的结构、布局与分区

（1）风景区的分区规划

风景区的规划分区是为了使更多的规划对象有适当的区划关系，以便针对规划对象的属性和特征进行合理的规划分区和设计，以便实施恰当的建设强度和管理制度。

① 分区划分的原则

a．当风景区内需要调节控制功能特征时，应进行功能分区划分；

b．当风景区内需要确定保护培育特征时，应进行保护区划分；

c．当风景区内需要组织景观和游赏特征时，应进行景区划分；

d．在对大型风景区或复杂的风景区规划中，景区划分、功能区划分、保护区划分可以协调并用，使风景区建设从规划开始就成为一个有机体。

②分区类型

a．功能分区

风景区功能分区指对规划区域按照满足不同旅游需求和管理的需要，进行主体性区域空间划分。可划分为如下功能区：游览区、旅游接待区、修疗养区、野营区、商业服务区、文化娱乐区、行政管理区、居民区、农林园艺区、加工工业区。

b．保护区

保护区是对风景区或史迹起生态保护作用的区域，该区域虽然没有可供游人欣赏的景点，或景点零散没有开发价值，但它对整个风景区甚至于周边区域的生态保护具有重大的意义，所以，保护区的确定是至关重要的。

保护区分区的依据有：

保护景区的历史面貌及景观的特定需要。

服从保护景区的完整性，不一定受现有行政区划的限制。

使景区形成一定范围，具有安静、优美、清新的环境。

方便游览活动的组织及管理工作。

c．景区

景区的形成是根据景源类型、景观特征或游赏需求而划分的一定用地范围。它包含有较多的景物、景点或若干景群，具有相对独立的分区特征。规划必须使众多的规划对象有适当的区划关系，以便针对规划对象的属性和特征分区，进行合理的规划和设计，实施恰当的建设和管理。

景区规划分区的大小、粗细、特点随着规划的深度而变化。规划越深则分区越精细，各分区之间的分隔、过渡、联络等关系的处理也趋于精细或丰富。

d．综合分区

综合分区模式一般适用于规模较大或功能多样、用地复杂的风景区。它是一种与风景区用地结构整合的分区模式，将以往的功能区、景区、保护区等整合并用。景区被分别组织在不同层次和不同类型的用地结构单元之中，可

以使景区在整个风景区的结构规模下得到清晰明确的定位（图4-1）。

（2）风景区的结构规划

在风景区进行结构规划是为了把众多的规划对象组织在科学的结构规律或模型关系之中，以便针对规划对象的结构性能和作用进行合理的规划与配置，实施结构内部各要素间的本质联系、调节和控制，使其有利于规划对象在一个不定期的结构整体中发挥应有的作用，也有利于满足规划目标对其结构整体的功能要求。

①结构规划形成

结构规划方案首先要界定规划内容的组成及各个组成部分的相互关系，提出若干结构模式；其次利用收集的相关资料对其进行分析比较，从中选择合理的结构；最终以发展趋势与结构变化对其检验和调整，并确定规划结构方案。

②结构规划类型

风景区的规划结构（图4-2）因规划目的和规划对象的不同而有多种结构体系，规划结构内容配置所形成的职能结构，因其涉及风景区的自我生存条件、发展动力、运营机制等重要方面，应给予充分重视。风景区的职能结构可分为以下三种基本类型：

a. 单一型结构

单一型结构是对于内容简单、功能单一的风景区，其构成主要是由风景游览欣赏对象组成的风景游赏系统，其结构应该是由一个职能系统组成的单一型结构。

b. 复合型结构

复合型结构是在内容和功能上较为丰富的风景区，其构成不仅有风景游赏对象，还有相应的旅游接待服务系统，其结构应由风景游赏和旅游接待服务两个职能系统组成，在规划中可视为复合型结构。

c. 综合型结构

综合型结构体现在内容和功能均较为复杂的风景旅游区，构成内容不仅包含游赏对象、旅游设施，还包含具有相当规模的居民生产、社会管理内容组成的居民社会系统。对于这些内容，要将系统中的节点、轴线、片区等有机结合，形成具有较强整体性的结构。

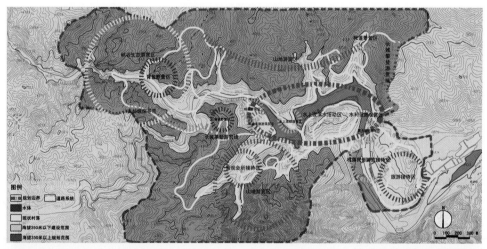

图4-1 风景区分区图

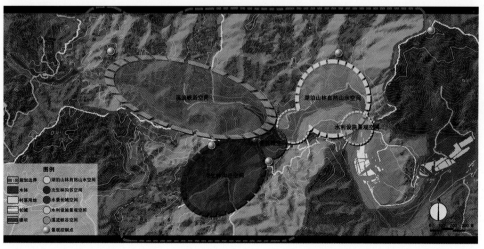

图4-2 风景区规划结构图

（3）风景区的规划布局

风景区的规划布局，是为了在规划界限内，将规划构思和规划对象通过不同的规划手法和处理方式，全面系统地安排在适当位置，为规划对象的各组成要素、各组成部分均能共同发挥其应有作用创造满意条件或最佳条件，使风景区成为有机整体。

景区的结构布局是在分析各景区的潜力与制约的基础上，着重研究点与区、区与中观以及整体的相关性，通过比较与调整，使风景区各景区之间形成性质分类、功能分区、成组布局、整体定位的多维网络结构。

①风景区布局的功能

a．控制建设分区

在风景区中各级保护区范围内，应控制建设活动，在重要景点及景物周围，应维持原有的风貌，不得增建新的建设项目。游览区内可允许建设与景观相适宜的景观建筑，但不得建休疗养机构、宾馆、招待所及风景区本身的管理生活设施等。在风景区的保护地带，不得建设危及景观自然环境和影响游览活动的建设项目。

b．综合调整各项设施建设和各项事业的关系

风景区内外交通道路、邮电、通讯、给排水、污水处理等各项公用设施基地，其选址应以不影响景观并方便游人为度，规划要同有关部门配合编制。风景区内的农林、商业、服务、环境、公安等各项事业，应综合安排，协调发展，给群众带来利益。

c．充分发挥原有景观的作用和价值

景区划分和游览线路的组织是使景区具有独特魅力的关键所在；游览路线的组织可大限度地发挥原有景观的潜力，使每个景点的价值和作用都得到展示。

②规划布局形式

风景区规划布局形式一般根据风景区的地形地貌条件和风景区的性质而确定，常用布局形式有：块状结构、带状结构、集团结构、串状结构、枝状结构、散点结构等形式。

4.2.3　风景区环境容量与人口规模

（1）风景区环境容量

在可持续发展的前提下，风景区在某一段时间内，其自然环境、人工环境和社会环境所能承受的旅游及其相关活动在规模、强度、速度上各极限值的最小值即为该段风景区在该时间内的环境容量。风景区环境容量分析结果在有效指导风景区的建设和发展工作方面具有重要作用。

①影响风景区环境容量的因素

a．景观艺术性。

b．环境质量。

c．时间地点。

d．经济技术条件，如设备、技术、工具、交通等。

②风景区环境容量分类

a．从时间意义划分：可分为一次性环境容量、日环境容量和年环境容量。

一次性环境容量是指一次性可容纳的游人数，单位以"人/次"表示。

日环境容量是指一日内可容纳的游人数，单位以"人次/日"表示，在日游人容量中，常用的容量指标还有日最大游人容量和日平均游人容量。

年环境容量是指一年内可容纳的游人数，单位以"人次/年"表示。

b．从指导意义划分：从对风景区建设和发展的指导意义上划分，风景区环境容量可分为生态允许容量、游览心理容量、功能技术容量等。

③风景区环境容量分析

a．生态环境容量分析指标

按照我国《风景名胜区规划规范》中关于生态环境容量指标的规定，生态允许标准应符合表4-1的规定：

表4-1　游憩用地生态容量

用地类型	允许容量和用地指标	
	（人/公顷）	（平方米/人）
针叶林地	2~3	5000~3300
阔叶林地	4~8	2500~1250
森林公园	<15~20	>660~500
疏林草地	20~25	500~400
草地公园	<70	>140
城镇公园	30~200	330~50
专用浴场	<500	>20
浴场水域	1000~2000	20~10
浴场沙滩	1000~2000	10~5

b．生态环境容量计算

一般计算方法有：线路法、面积法、卡口法、综合平衡法等。

线路法：平均道路面积/每个游人所占的面积（5~10平方米/人）。

面积法：平均游览面积/每个游人所占的面积。主景景点：50~100平方米/人；一般景点：100~400平方米/人；浴场海域：10~20平方米/人；浴场沙滩：5~10平方米/人。

卡口法：通过的游人量/单位时间。

综合平衡法：游人容量计算结果应与当地供水、用地、相关设施及环境质量等条件进行综合平衡来确定合理的游人量。

（2）风景区人口规模

①流动人口计算

平均住宿日流量＝全年住宿游人数÷（全年可游天数/游人平均逗留天数×床位平均利用率）

游览日流量＝非住宿日流量＋住宿日流量

②总人口计算

风景区总人口＝流动人口＋常住人口

常住人口＝直接服务人口绝对数/ 1－（间接服务人口比例＋非劳动人口比例）

4.2.4　风景区总体规划成果

（1）风景区总体规划成果的具体内容

①规划文本：以法规条文方式，直接叙述规划主要内容的规定性要求；

②规划图纸；

③规划说明书；

④基础资料汇编：包括图片（收集的历史照片及拍摄的现状照片），供评议、审定、上报使用。

⑤模型：便于直观分析。

（2）风景区总体规划的图纸内容

①现状图

风景区地理位置；对外交通和内部交通；工矿企业、大型仓库、事业单位及农田果园、渔场用地的分布；文物古迹分布与保护等级；景点分布及游览范围；主要公共建筑及旅游接待、休疗养设施的规模分布及用地范围；风景资源分布。

②景源评价与现状分析图

③规划设计总图

地理位置或区域分析图；风景游赏规划图；旅游设施配套规划图；居民社会调控规划图；风景保护培育规划图；道路交通规划图；基础工程规划图；土地利用协调规划图；近期发展规划图（图4-3～图4-6）。

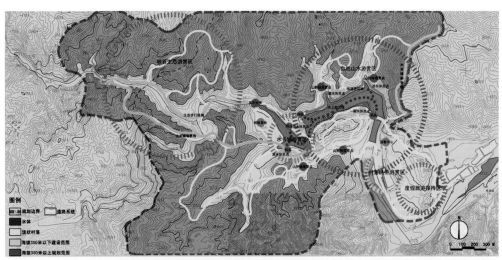

图4-3　风景区游赏体系规划图

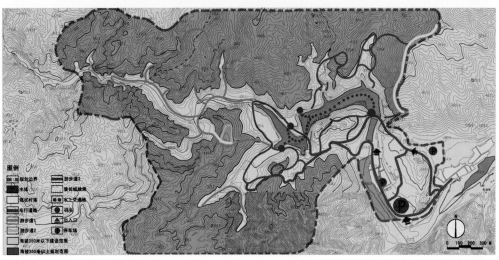

图4-4　风景区道路系统规划图

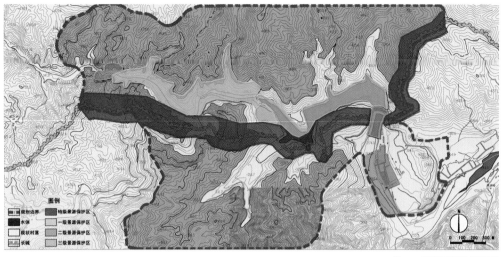

图4-5　风景区资源保护规划图

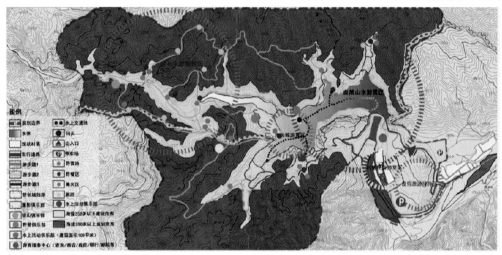

图4-6　风景区近期规划图

4.3　专项规划

4.3.1　保护培育规划

（1）保护培育规划的内容

保护培育规划的内容包括查清保育资源，明确保育的具体对象和因素；依据保育对象的特点和级别，划定保育范围，确定保育原则；依据保育原则制定保育措施，建立保育体系。

（2）风景保护分级

风景区按保护级别可划分为四个等级，包括特级保护区、一级保护区、二级保护区和三级保护区。

（3）风景保护规划

按照《风景名胜区规划规范》规定，风景区应对资源和环境实行分类保护。风景保护的分类应包括生态保护区、自然景观保护区、史迹保护区、风景恢复区、风景游览区和发展控制区等。

4.3.2　风景游赏规划

（1）风景游赏规划的内容

风景游览欣赏对象是风景区存在的基础，它的属性、数量、质量、时间、空间等因素决定着游览欣赏系统规划，是各类各级风景规划中的主体内容。风景游赏规划通常包括景观特征分析、游赏项目组织、风景结构单元组织、游线与游程安排、游人容量调控和游赏系统结构分析等内容。

（2）风景游赏规划内容详述

①景观特征分析与景象展示构思

景观特征分析和景象展示构思是运用审美能力对景观实施具体的鉴赏和理性分析，并探讨与之相适应的人为展示措施和具体处理方法。其包括对景物素材的属性分析，对景物组合的审美或艺术形式分析，对景观特征的意趣分析，对景象构思的多方案分析，对展示方法和观赏点或欣赏点的分析。在这些过程中，常常形成不少的景观分析

37

图，或综合形成一种景观地域分区图，以此提示某个风景区所具有的景感规律的赏景关系，并蕴含着规划构思的若干相关内容。

②游赏项目组织

在风景区中，常常先有良好的风景环境或景源素材，甚至本来就是山水胜地，然后才由此引发多样的游鉴欣赏活动项目和相应的功能技术设施配备。因此，游赏项目组织是因景而产生，随景而变化；景源越丰富，游赏项目越可能变化多样。景源特点、用地条件、社会生活需求、功能技术条件和地域文化观念都是影响游赏项目组织的因素。规划要根据这些因素，遵循保持景观特色并符合相关法规的原则，选择与其协调适宜的游赏活动项目，使活动性质与意境特征相协调，使相关技术设施与景物景观相协调。例如，体智技能运动、宗教礼仪活动、野游休闲和考察探险活动所需的用地条件、环境气氛及其与景源的关系等差异较大，既应保证游赏活动能正常进行，又要保持景物景观不受损伤。

③风景单元组织

对风景游览对象的组织，我国古今流行的方法是选择与提炼若干个景，作为某风景区或其他的典型与代表，如命名为"某某八景"、"某某十景"或"某某廿四景"等。面对风景区发展的繁荣和复杂态势，当代风景区规划已针对游赏对象的内容与规模、性能与作用、构景与游赏需求以及景观特征分区等因素，将各类风景素材归纳分类，分别组织在不同层次和不同类型的结构单元之中，使其在一定的结构单元中发挥应有作用，使各景物间和结构单元之间有良好的相互资借与相互联络条件，使整个规划对象处在一定的结构规律或模式关系之中，使其整体作用大于各局部作用之和。

在诸多风景结构单元中，景物、景点、景区多以自然景观为主。而园苑、院落则需要较多的人工处理，甚至以人造为主，具有特定的使用功能和空间环境，游人在其中以内向活动为主。

④游线组织与游程安排

在游线组织中，不同的景象特征要有与之相适应的游览欣赏方式。而游赏方式可以是静赏、动观、登山、涉水、探洞，可以是步行、乘车、坐船、骑马等。不同的游赏方式将出现不同的时间速度进程，也需要不同的体力消耗，因而涉及游人的年龄、性别、职业等变化所带来的游兴规律差异。在游线上，游人对景象的感受和体验主要表现在人的直观能力、感觉能力、想像能力等景感类型的变换过程中。因而，风景区游线组织，实质上是景象空间展示、时间速度进程、景感类型转换的艺术综合。游线安排既能创造高于景象实体的诗画境界，也可能损伤景象实体的风景效果，所以必须精心组织。

游线组织要求形成良好的游赏过程，因而就有了顺序发展、时间消失、连贯性诸问题，就有起景→高潮→结景的基本段落结构，规划中常要调动各种手段来突出景象高潮和主题区段的感染力，诸如空间上的层层进深、穿插贯通，景象上的主次景设置、借景配景，时间速度上的景点疏密、展现节奏，景感上的明暗色彩、比拟联想，手法上的掩藏显露、呼应衬托等。

游览日程安排是由游览时间、游览距离、游览欣赏内容所限定的。在游程中，一日游因当日往返不需住宿，因而所需配套设施自然十分简单；二日以上的游程就需要住宿，由此需要相应的功能技术设施和配套的供应工程及经营管理系统。

4.3.3 典型景观规划

（1）典型景观规划的内容

风景区应依据其主体特征景观或有特殊价值的景观进行典型景观规划。典型景观规划包括典型景观的特征与作用分析，规划原则与目标，规划内容、项目、设施与组织，典型景观与风景区整体的关系等内容。

（2）典型景观规划内容详述

①植物景观规划

除少数特殊风景区以外，植物景观始终是风景区的主要景观。在自然审美中，植物以主景、配景、基调、背景等多个角色出现，占据了风景区大面积的区域，具有相当重要的地位和作用。在人口膨胀且生态环境面临严重挑战的情况下，植物对人类将更加重要，因而，风景区植被或植物景观规划也愈具显要地位及作用。在植物景观规划中，要维护原生种群和区系，不应大砍大造或轻易更新改造；要因景制宜提高林木覆盖率，不应毁林开荒；要充分利用原有的自然植物资源，不应搞大范围的人工纯林；要针对规划目标，分区分级控制植物景观的分布及其相关指标。

②建筑景观规划

在风景区中，建筑物是满足功能需求的设施，也是组成景观的重要构成要素。建筑物和建筑景观是风景区的活跃因素，在建筑景观规划中，要对一切有价值的原有建筑及其环境进行维护，各类新建筑要服务于风景环境的整体需求，建筑相地立基要顺应原有地形，对各类建筑的性质功能、内容规模、位置高度、体量体形、色彩风格等，均应有明确的分区分级控制措施。

③溶洞景观规划

溶洞风景是能引起景感反应的溶洞物象和空间环境。溶洞景观包括特有的洞体构成与洞腔空间，特有的石景形象，特有的水景、光象和气象，特有的生物景象和人文景源。岩溶洞景可以是风景区的主景或重要组成部分，也可以是一种独立的风景区类型。目前，我国已开放游览的大中型岩洞已有200多个，因而溶洞景观在风景区规划中占有重要地位。

④竖向地形规划

随着生产力的发展和工程技术的进步，人们改造地球、改变地形的力度和随意性都在加大。然而，随意变更地形不仅带来生态危害，而且使本来丰富多彩的竖向地形景观逐渐趋同或走向单调，同时，这也是同巧于利用自然的人类的智慧背道而驰的。

4.3.4 游览设施规划

（1）游览设施规划的内容

风景区游览设施是风景区的必备条件，是风景区规划的重要内容之一。游览设施规划的内容包括游人与游览设施现状分析，客源分析预测与游人发展规模的选择，游览设施配备与直接服务人口估算，旅游基地组织与相关基础工程，游览设施系统及其环境分析等五部分。

（2）游览设施规划内容详述

①游人与游览设施现状分析

游人现状分析应包括游人的规模、结构、递增率、时间和空间分布及其消费状况。游览设施现状分析，应表明供需状况、设施与景观及其环境的相互关系。

②客源分析预测与游人发展规模的选择

客源分析与游人发展规模选择应符合以下规定：分析客源地的游人数量与结构、时空分布、出游规律、消费状况等；分析客源市场发展方向和发展目标；预测本地区游人、国内游人、海外游人递增率和旅游收入；合理的年、日游人发展规模不得大于相应的游人容量。

③游览设施配备与直接服务人口估算

游览设施配备应包括旅行、游览、饮食、住宿、购物、娱乐、保健和其他共八类相关设施。应依据风景区、景区、景点的性质与功能，游人规模与结构，以及用地、淡水、环境等条件，配备相应种类、级别、规模的设施项目。

a. 旅宿床位应是游览设施的调控指标，应严格限定其规模和标准，应做到定性、定量、定位、定用地范围，并

按下列公式计算：

床位数 = 平均停留天数×年住宿人数/年旅游天数×床位利用率

b. 直接服务人员估算应以旅宿床位或饮食服务两类游览设施为主，其中，床位直接服务人员估算可按下列公式计算：

直接服务人员 = 床位数×直接服务人员与床位数比例

（式中，直接服务人员与床位数比例：1∶2~1∶10）

④旅游基地组织与相关基础工程

游览设施布局应采用相对集中与适当分散相结合的原则，应方便游人，利于发挥设施效益，便于经营管理与减少干扰。应依据设施内容、规模、等级、用地条件和景观结构等，分别组成服务部、旅游点、旅游村、旅游镇、旅游城、旅游市等六级旅游服务基地，并提出相应的基础工程原则和要求。

⑤游览设施系统及其环境分析

依风景区的性质、布局和自身条件的不同，各项游览设施既可配置在各级旅游基地中，也可以配置在所依托的各级居民点中，其总量和级配关系应符合风景区规划的需求。

4.3.5 基础工程规划

（1）基础工程规划的内容

风景区基础工程规划应包括交通道路、邮电通讯、给水排水和供电能源等内容，根据实际需要，还可进行防洪、防火、抗灾、环保、环卫等工程规划。

（2）基础工程规划内容详述

①风景区交通规划

风景区交通规划应分为对外交通和内部交通两方面内容。应进行各类交通流量和设施的调查、分析、预测，提出各类交通存在的问题及其解决措施。风景区交通规划应遵守以下原则：对外交通应要求快速便捷，布置于风景区以外或边缘地区；内部交通应具有方便可靠和适合风景区特点，并形成合理的网络系统；对内部交通的水、陆、空等机动交通的种类选择、交通流量、线路走向、场站码头及其配套设施，均应提出明确而有效的控制要求和措施。

②风景区道路规划

宏观上面风景区整个道路系统的规划设计应与大自然相协调，首先应是在原有道路设计方法的基础上，结合生态学、区域规划学、景观设计学的理论合理规划设计，综合考虑地形地貌和森林植被、景观景物等要素，并充分利用已有道路，尽量不占或少占景观用地，进行合理加工

维护改造，避免重复建设，避免因修筑道路而影响山体稳定，或损坏景物或破坏、干扰景色的和谐。在道路开发的同时必须遵循"谁开发谁保护，谁破坏谁恢复，谁利用谁补偿"及"开发利用和保护增值并重"的自然保护方针。

③风景区邮电通讯规划

邮电通讯规划应提供风景区内外通讯设施的容量、线路及布局，并应符合以下规定：各级风景区均应配备能与国内联系的通讯设施；国家级风景区还应配备能与海外联系的现代化通讯设施；在景点范围内，不得安排架空电线穿过，宜采用隐蔽工程。

④风景区给排水规划

风景区给水排水规划应包括现状分析，给、排水量预测，水源地选择与配套设施，给、排水系统组织，污染源预测及污水处理措施，工程投资匡算。给、排水设施布局还应符合以下规定：在景点和景区范围内，不得布置暴露于地表的大体量给水和污水处理设施；在旅游村镇和居民村镇宜采用集中给水、排水系统，主要给水设施和污水处理设施可安排在居民村镇及其附近。

⑤风景区供电规划

风景区供电规划应提供供电及能源现状分析、负荷预测、供电电源点和电网规划三项基本内容，并应符合以下规定：在景点和景区内不得安排高压电缆和架空电线穿过；在景点和景区内不得布置大型供电设施；主要供电设施宜布置于居民村镇及其附近。

4.3.6 居民社会调控规划

凡含有居民点的风景区，应编制居民点调控规划；凡含有一个乡或镇以上的风景区，必须编制居民社会系统规划。居民社会调控规划应包括现状、特征与趋势分析，人口发展规模与分布，经营管理与社会组织，居民点性质、职能、动因特征和分布，用地方向与规划布局，产业和劳力发展规划等内容。

居民社会调控规划应遵循下列基本原则：严格控制人口规模，建立适合风景区特点的社会运转机制；建立合理的居民点或居民点系统；引导淘汰型产业的劳力合理转向。

4.3.7 经济发展引导规划

经济发展引导规划应以国民经济和社会发展规划、风景与旅游发展战略为基本依据，形成独具风景区特征的经济运行条件。经济发展引导规划应包括经济现状调查与分析、经济发展的引导方向、经济结构及其调整、空间布局及其控制、促进经济合理发展的措施等内容。风景区经济引导方向，应以经济结构和空间布局的合理化结合为原则，提出适合风景区经济发展的模式及保障经济持续发展的步骤和措施。

4.3.8 土地利用协调规划

土地利用协调规划应包括土地资源分析评估、土地利用现状分析及其平衡表、土地利用规划及其平衡表等内容。土地资源分析评估应包括对土地资源的特点、数量、质量与潜力进行综合评估或专项评估。土地利用现状分析应表明土地利用现状特征，风景用地与生产生活用地之间的关系，土地资源演变、保护、利用和管理存在的问题。土地利用规划应在土地利用需求预测与协调平衡的基础上，表明土地利用规划分区及其用地范围。

4.3.9 分期发展规划

风景区总体规划分期应符合以下规定：

第一期或近期规划：5年以内；

第二期或远期规划：5—20年；

第三期或远景规划：大于20年。

在安排每一期的发展目标与重点项目时，应兼顾风景游赏、游览设施、居民社会的协调发展，体现风景区自身发展规律与特点。近期发展规划应提出发展目标、重点、主要内容，并应提出具体建设项目、规模、布局、投资估算和实施措施等。远期发展规划的目标应使风景区内各项规划内容初具规模，并应提出发展期内的发展重点、主要内容、发展水平、投资匡算、健全发展的步骤与措施。远景规划的目标应提出风景区规划所能达到的最佳状态和目标。

复习题

1. 风景区规划的内容和步骤是什么？

2. 风景区总体规划中风景区的分区类型有哪些？

3. 风景区专项规划中的典型景观规划对植物景物规划有哪些要求？

5　城市绿地系统规划

- 掌握城市绿地的分类标准与组成。
- 掌握城市绿地系统规划的重要指标。
- 了解我国城市绿地系统常见布局形式。
- 重点掌握城市绿地系统规划主要内容。

5.1　概述

5.1.1　分类标准

城市绿地系统规划是在深入调查研究的基础上，根据《城市总体规划》中的城市性质、发展目标、用地布局等规定，科学制定各类城市绿地的发展指标，合理安排城市各类园林绿地建设和市域大环境绿化的空间布局，达到保护和改善城市生态环境、优化城市人居环境、促进城市可持续发展的目的。

根据新形势下绿地建设的需要，建设部颁布了新的《城市绿地分类标准》（表5-1），该标准首先对城市绿地做了明确的定义，即："所谓城市绿地是指以自然植被和人工植被为主要存在形态的城市用地。"在这样的定义之下，该标准采用英文字母和阿拉伯数字混合编码的形式，将城市绿地分为5个大类、13个中类、11个小类。

表5-1　城市绿地分类标准（CJJ／T85-2002）

大类	中类	小类	类别名称	大类	中类	小类	类别名称
G_1			公园绿地	G_2			生产绿地
	G_{11}		综合公园	G_3			防护绿地
		G_{111}	全市性公园	G_4			附属绿地
		G_{112}	区域性公园		G_{41}		居住绿地
	G_{12}		社区公园		G_{42}		公共设施绿地
		G_{121}	居住区公园		G_{43}		工业绿地
		G_{122}	小区游园		G_{44}		仓储绿地
	G_{13}		专类公园		G_{45}		对外交通绿地
		G_{131}	儿童公园		G_{46}		道路绿地
		G_{132}	动物园		G_{47}		市政设施绿地
		G_{133}	植物园		G_{48}		特殊绿地
		G_{134}	历史名园	G_5			其他绿地
		G_{135}	风景名胜公园				
		G_{136}	游乐公园				
		G_{137}	其他专类公园				
	G_{14}		带状公园				
	G_{15}		街旁绿地				

5.1.2　规划指标

（1）城市绿地系统的重要指标

城市绿地指标是反映城市绿化建设质量和数量的量化方式。目前，在城市绿地系统规划编制和国家园林城市评定考核中主要控制的三大绿地指标为：人均公园

绿地面积（平方米／人）、城市绿地率（%）和绿化覆盖率（%）。根据《城市绿化规划建设指标的规定》（建城[1993]784号）和《城市绿地分类标准》（CJJ／T85-2002），城市绿地指标的统计计算公式为：

①人均公园绿地面积（平方米／人）=城市公园绿地面积G_1÷城市人口数量

式中：公园绿地包括了综合公园G_{11}（含市级公园和区域性公园），社区公园G_{12}（含居住区公园和小区游园），专类公园G_{13}（如儿童公园、动物园、植物园、历史名园、风景名胜公园、游乐公园、体育公园等其他公园），带状公园G_{14}以及街旁绿地G_{15}等。

②人均绿地面积（平方米／人）=城市建成区内绿地面积之和÷城市人口数量

式中：城市建成区内绿地面积指城市中的公园绿地G_1、生产绿地G_2、防护绿地G_3和附属绿地G_4的总和。

③城市绿化覆盖率（%）=（城市内全部绿化种植垂直投影面积÷城市的用地面积）×100%

城市建成区内绿化覆盖面积应包括各类绿地（公园绿地、生产绿地、防护绿地以及附属绿地）的实际绿化种植覆盖面积（含被绿化种植包围的水面）、屋顶绿化覆盖面积以及零散树木的覆盖面积，乔木树冠下的灌木和地被草地不重复计算。

④城市绿地率（%）=（城市建成区内绿地面积之和÷城市的用地面积）×100%

式中：城市建成区内绿地面积指城市中的公园绿地G_1、生产绿地G_2、防护绿地G_3和附属绿地G_4的总和。

（2）国家有关城市绿地规划的指标要求

①城市用地标准

中国各类城市，特别是大城市，人均城市建设用地十分有限。在《城市用地分类与规划建设用地标准》（GBJ137—90）中在对城市总体规划编制和修订时，人均单项用地绿地指标≥9.0平方米，其中公园绿地≥7.0平方米。

②《城市绿化规划建设指标的规定》（1993年）

1993年，根据《城市绿化条例》第九条，为加强城市绿化规划管理，提高城市绿化水平，国家建设部颁布了《城市绿化规划建设指标的规定》（建城[1993]784号）文件，提出了根据城市人均建设用地指标确定人均公共绿地面积指标。

5.1.3　规划编制

为加强我国《城市绿地系统规划》编制的制度化和规范化，确保规划质量，充分发挥城市绿地系统的生态环境效益、社会经济效益和景观文化功能，建设部特制定了

《城市绿地系统规划编制纲要》。《纲要》指出，《城市绿地系统规划》由城市规划行政主管部门和城市园林行政主管部门共同负责编制，并纳入《城市总体规划》。《城市绿地系统规划》成果应包括规划文本、规划图则、规划说明书和规划基础资料四个部分。

规划文本的主要内容包括总则、规划目标与指标、市域绿地系统规划、城市绿地系统规划结构、布局与分区、城市绿地分类规划、树种规划、生物多样性保护与建设规划、古树名木保护、分期建设规划、规划实施措施及附录。

规划图则主要内容包括城市区位关系图、现状图、城市绿地现状分析图、规划总图、市域大环境绿化规划图、绿地分类规划图（含公园绿地、生产绿地、防护绿地、附属绿地和其他绿地规划图等）、近期绿地建设规划图，要求图纸比例与城市总体规划图基本一致，一般采用1：5000～1：25000，并标明风玫瑰，绿地分类现状和规划图如生产绿地、防护绿地和其他绿地等可适当合并表达。

规划说明书包括概况及现状分析、规划总则、规划目标、市域绿地系统规划、城市绿地系统规划结构布局与分区、城市绿地分类规划、树种规划、生物（重点是植物）多样性保护与建设规划、古树名木保护、分期建设规划、实施措施及附录、附件。

基础资料汇编包括城市概况，自然条件，经济及社会条件，环境保护资料，城市历史与文化资料，绿地及相关用地资料，技术经济指标，生产绿地的面积，苗木总量、种类、规格，苗木自给率，古树名木的数量、位置、名称、树龄、生长情况等，园林植物，动物资料及管理机构、人员状况、资金与设备、城市绿地养护与管理情况等。

5.2 市域绿地系统规划

市域绿地系统包括市域内的林地、公路绿化、农田林网、风景名胜区、水源保护区、郊野公园、森林公园、自然保护区、湿地、垃圾填埋场恢复绿地、城市绿化隔离带以及城镇绿化用地等，主要包括耕地、园地、林地、牧草地、水域和湿地及未利用土地。

市域绿地系统规划需要统一考虑城市各类绿地的布局，保护和合理利用城市依托的自然环境，将城乡部分农用地、居民点及工矿用地、道路交通和未利用地纳入规划之中（图5-1）。在编制城市市域绿地系统规划时，应综合考虑以下原则。

（1）整合系统，建构城乡融合的生态绿地网络系统，优化城市空间布局。以"开敞空间优先"的原则规划城市绿地系统，完善城市功能，适应城市产业的空间调整和功能的转变，结合重要基础设施建设，保护和完善城市生态环境质量，促进城市空间的优化发展，提高城市综合功能。

（2）以生态优先和可持续发展为前提，充分保护和合理利用自然资源，维护区域生态环境的平衡。我国地域辽阔，地区性强，城市之间的自然条件差异很大。规划应根据城市生态适宜性要求，结合城市周围自然环境，充分发挥城郊绿化的生态环境效益。

（3）加强对生态敏感区的控制和管理，形成良好的市域生态结构。改善并严格控制城市生态保护区，加强环境保护工作，整治大气、水体、噪声、固体废物污染源，做好污水、固体废物、危险品及危险装置的处理和防护工作。

（4）保护有历史意义、文化艺术和科学价值的文物

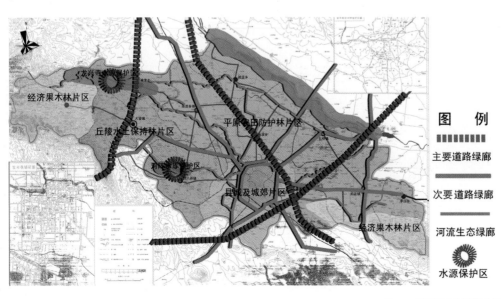

图例
主要道路绿廊
次要道路绿廊
河流生态绿廊
水源保护区

图5-1　市域绿地系统规划结构图

古迹、历史建筑和历史街区，建设具有地域特色的绿地环境。

（5）加强不同管理部门间的合作，确保市域绿地系统规划的实施。

5.3 绿地系统布局结构

城市园林绿地布局应采用点、线、面结合的方式，把绿地连成一个统一的整体，成为花园城市，才能充分

发挥其改善气候、净化空气、美化环境等功能（图5-2、图5-3）。

"点"主要指城市中的公园布局，其面积不大，而绿化质量要求较高。首先，必须充分利用原有公园，加以扩建或提高质量；其次，在自然条件较好的河、湖沿岸和交通方便之处，新辟公园、动物园、植物园、体育公园、儿童公园或纪念性陵园等。但要注意使各个公园能均匀分布在城市的各个区域，一般来说，服务半径以居民步行

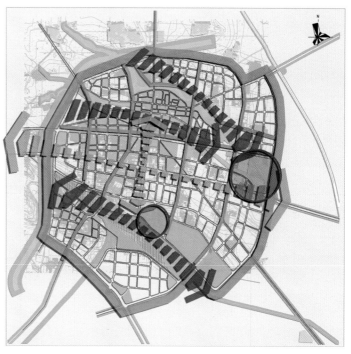

图5-2 绿地系统规划结构图

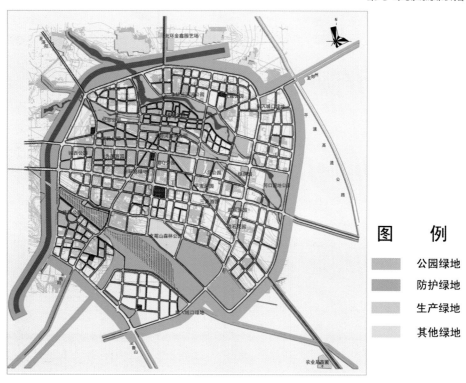

图 例

公园绿地
防护绿地
生产绿地
其他绿地

图5-3 绿地系统规划总图

10～20分钟能到达为宜。

"线"主要指城市道路两旁、滨河绿带、工厂及城市防护林带等，将它们相互联系组成纵横交错的绿带网，以美化街道、保护路面、防风、防尘、防噪声等。

"面"指城市中的居住区、工厂、机关、学校、卫生部门等单位专用的园林绿地，是城市园林绿化面积最大的部分。城郊绿化布局应与农、林、牧的规划相结合，将城郊土地尽可能地用来绿化植树，形成围绕城市的绿色环带。特别是人口集中的城市，在规划时应尽量少占用郊区农田，而充分利用郊区的山、川、河、湖等自然条件和风景名胜，因地制宜地创造出各具特色的绿地，如风景区、疗养区等。

城市绿地系统规划布局应考虑以下原则：

（1）应结合城市其他组成部分的规划，综合考虑，全面安排；

（2）必须结合当地特点，因地制宜，从实际出发；

（3）应均衡分布，比例合理，满足全市居民休息游览的要求；

（4）既要有远景的目标，也要有近期的安排，做到远近结合；

（5）城市园林绿地系统规划与建设、经营管理，要在发挥其综合功能的前提下，注意结合生产，为社会创造物质财富。

5.4 城市绿地分类规划

5.4.1 公园绿地（G_1）规划

（1）公园绿地组成

根据《城市绿地分类标准》（CJJ/85-2002），公园绿地包括综合公园、社区公园、专类公园、带状公园以及街旁绿地。它是城区绿地系统的主要组成部分，对城市生态环境、市民生活质量、城市景观等具有无可替代的积极作用。

①综合公园（G_{11}）和社区公园（G_{12}）

各类综合公园绿地内容丰富，有相应的设施。社区公园为一定居住用地内的居民服务，具有一定的户外游憩功能和相应的设施。二者所形成的整体应相对均匀分布，合理布局，满足城市居民的生活、户外活动所需。

②专类公园（G_{13}）

除了综合性城市公园外，有条件的城市一般还设有多个专类公园，如儿童公园、植物园、动物园、科学公园、体育公园、文化与历史公园等。

③带状公园（G_{14}）

以绿化为主的可供市民游憩的狭长形绿地，常常沿城市道路、城墙、滨河、湖、海岸设置，对缓解交通造成的环境压力、改善城市面貌、改善生态环境具有显著的作用。带状公园的宽度一般不小于8米。

④街旁绿地（G_{15}）

街旁绿地位于城市道路用地之外，是相对独立成片的绿地。在历史保护区、旧城改建区，街旁绿地面积要求不小于1000平方米，绿化占地比例不小于65%。街旁绿地在历史城市、特大城市中分布最广，利用率最高。

（2）公园绿地的规划布局

在公园绿地系统的规划布局方面，一般应遵循均匀布置各项公园绿地的原则，使各类公园综合服务半径能较理想地覆盖建成区，城市公园的服务半径参考数据见表5-2、图5-4。

表5-2 城市综合公园和社区公园的合理服务半径

公园类型	面积规模	规划服务半径（米）	居民步行来园所耗时间（分钟）
市级综合公园	≥20公顷	2000～3000	25～35
区级综合公园	≥10公顷	1000～2000	15～20
居住区公园	≥4公顷	500～800	8～12
小区游园	≥0.5公顷	300～500	5～8

公园绿地的合理布局，可以使每个城市居民都能就近享用绿地。一般按照服务半径要求，选定各种公园的位置和布置林阴道，并结合城市自然地形，体现城市特色，如利用市区的河道、丘陵等布置绿带，把各类公园绿地连接起来，成为一个系统（图5-5）。

5.4.2 生产绿地（G_2）规划

生产绿地（G_2）作为城市绿化的生产基地，其重要职能是加强苗圃、花圃、草圃等基地建设，通过园林植物的引种、育种工作，培育适应当地条件的具有特性、抗性的优良品种，使其能满足城市绿化建设需要，保护城市生物多样性。由于其占地面积较大，受土地市场影响，现在易被置换到郊区，要求土壤及灌溉条件较好，以利于培育及节约投资费用。园林苗圃的规模一般按其用地性质划分，大型苗圃面积20公顷以上，中型苗圃面积3～20公顷，小型苗圃面积在3公顷以下。各城市应该依据实际情况和需要，大、中、小苗圃相结合，合理布局，为城市园林绿化提供优质苗木。

城市生产绿地规划总面积应占城市建成区面积的2%以上，苗木自给率应满足城市各项绿化美化工程所用苗木80%以上。当前，不管是否为园林部门所属，只要是为城市绿化服务，能为城市提供苗木、花卉、草皮和种子的各类圃地，均应作为园林生产绿地。

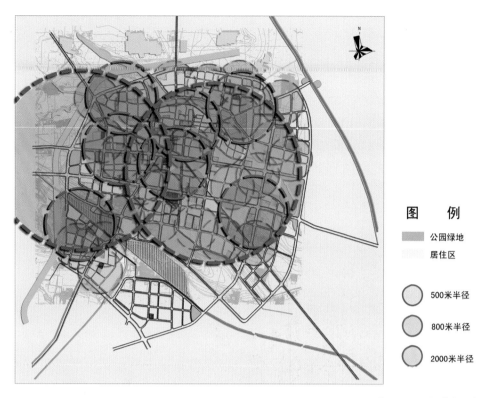

图5-4　公园绿地服务半径分析图

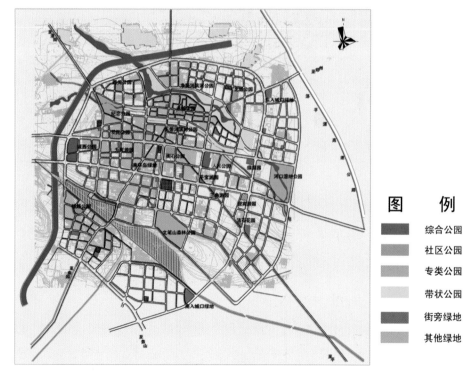

图5-5　公园绿地系统规划图

5.4.3　防护绿地（G₃）规划

防护绿地（G_3）的主要特征是对自然灾害或城市公害具有一定的防护功能，不宜兼作公园使用。防护绿地一般分为以下几个类型：卫生隔离带、道路防护绿带、城市高压走廊绿带、防风林带、城市组团隔离带等。

因所在的位置和防护对象的不同，城市防护绿地的布局以及宽度和种植方式要求各异，目前较多省市的相关法规针对当地情况有相应的规定。总体来说，城市防护绿地的布局与结构规划应遵循整体性原则，在进行防护绿地布局、结构的规划时必须使防护对象和防护绿地联系起来，

45

组成一个层次分明的整体（图5-6）。具体来说，防风林应选城市外围上风向与主导风向位置垂直的地方，以利阻挡风沙对城市的侵袭；卫生防护林按工厂有害气体、噪音等对环境影响程度不同，选定有关地段设置不同防护林带；农田防护林选择在农田附近、利于防风的地带营造林网，形成长方形的网格（长边风向垂直）；水土保持林带选河岸、山腰、坡地等地带种植树林，固土、护坡，含蓄水源，减少地面径流，防止水土流失。

5.4.4　附属绿地（G₄）规划

根据建设部《城市绿地分类标准》（CJJ／T85-2002），附属绿地由以下绿地所组成：居住区绿地（G_{41}）、公共设施绿地（G_{42}）、工业绿地（G_{43}）、仓储绿地（G_{44}）、对外交通绿地（G_{45}）、道路绿地（G_{46}）、市政设施绿地（G_{47}）、特殊绿地（G_{48}）等。附属绿地规划主要通过对不同用地类型和不同单位提出的不同绿地率规划指标来控制，作为各单位搞好附属绿地的规划与建设的指导性标准（图5-7）。根据《城市绿化规划建设指标的规定》

图　例

　铁路防护林
　水源保护林
　环城绿化带
　工业防护林带
　生产绿地
　公路防护林

图5-6　生产防护绿地规划图

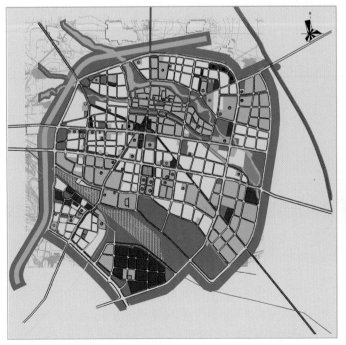

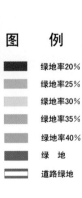

图　例

　绿地率20%
　绿地率25%
　绿地率30%
　绿地率35%
　绿地率40%
　绿　地
　道路绿地

图5-7　绿地率控制图

以及功能需求、环境要求及用地条件，一般情况下，新建居住区绿地占居住区总用地比率不低于30％；单位附属绿地面积占单位总用地面积比率不低于30％，其中工业企业、交通枢纽、仓储、商业中心等绿地率不低于20％；产生有气体及污染工厂的绿地率不低于30％，并根据国家标准设立不少于50米的防护林带；学校、医院、疗养院所、机关团体、公共文化设施、部队等单位的绿地率不低于35％。

道路绿地的绿地率，按照《城市道路绿化规划与设计规范》（CJJ75-97）规定，园林景观路的绿地率不得小于40％；红线宽度大于50米的道路绿地率不得小于30％；红线宽度在40～50米的道路绿地率不得小于25％；红线宽度小于40米的道路绿地率不得小于20％。种植乔木的分车绿带宽度不得小于1.5米；主干路上的分车绿带宽度不宜小于2.5米，行道树绿带宽度不得小于1.5米（图5-8）。

5.5　城市绿化的树种规划

根据2002年建设部颁布的《城市绿地系统规划编制纲要（试行）》的规定，树种规划不仅要明确树种规划的基本原则、确定城市所处的植物地理位置以及给出市花、市树的选择建议，更重要的是在对当地园林树种详细调查分析的基础上确定一些技术经济指标，进而选出适用于城市的基调树种、骨干树种和一般树种。其中，基调树种一般以4～6种为宜，其突出特点是种类少，数量大，适应本地生境。骨干树种一般是所在场所或空间的视觉中心和主要绿化观赏树，不同绿地类型骨干树种是不一样的。一般树种是骨干树种和基调树种的陪衬树种，它的特点是数量众多、种类丰富。

树种规划的基本方法主要包括下面几点：

（1）调查。对地带性和外来引进驯化的树种，调查它们的生态习性、对环境的适应性、对有害污染物的抗性。调查中要注意不同立地条件下植物的生长情况，如城市不同小气候区、各种土壤条件的适应，以及污染源附近不同距离内的生长情况。

（2）骨干树种的选择。确定城市绿化中的基调树种、骨干树种和一般树种，满足城市园林绿化的多种综合功能要求。

（3）根据"适地适树"原理，合理选择各类绿地绿化树种，充分体现科学与艺术的结合，发挥出最佳的综合效益。

（4）制定主要的技术经济指标。

5.6　生物多样性保护规划

生物多样性是指所有来源的活的生物体中的变异性，这些来源除包括陆地、海洋和其他水生生态系统及其所构成的生态综合体外，还包括物种内、物种之间和生态系统的多样性，也可以指地球上所有的生物体及其所构成的综合体。

生物多样性保护计划制定应包括以下内容：

（1）对城市规划区内的生物多样性物种资源保护和利用进行调查，组织和编制《生物多样性保护规划》，协调生物多样性规划与城市总体规划和其他相关规划之间的关

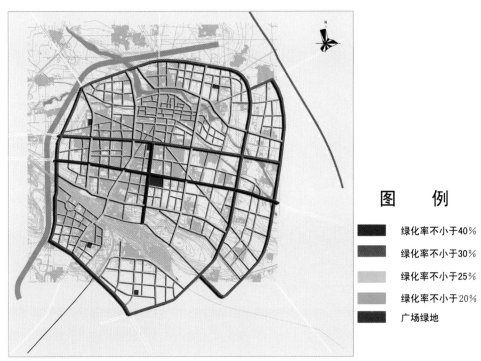

图5-8　道路绿地系统规划图

系，并制定实施计划。

（2）合理规划布局城市绿地系统，建立城市生态绿色网络，疏通瓶颈、完善生境；加强城市自然植物群落和生态群落的保护，划定生态敏感区和景观保护区，划定城市绿线，严格保护以永续利用。

（3）构筑地域植被特征的城市生物多样性格局，加强地带性植物的保护与可持续利用，保护地带性生态系统。

（4）在城区和郊区合理划定保护区，保护城市的生物多样性和景观的多样性。

（5）预防引进物种的负面影响。一些外来引进物种侵害性极强，可能引起其他植物难有栖息之地，导致一些本地物种的减少，甚至导致灭种。

（6）划定国家生物多样性保护区。从区域的角度出发，将生物多样性和生态系统多样化的地区、稀有濒危物种自然分布的地区、物种多样性受到严重影响的地区、有独特的多样性生态系统的地区以及跨地区生物多样性重点地区等列入生物多样性保护区。

5.7　古树名木保护规划

建设部在《城市古树名木保护管理办法》（2000年）对古树名木有明确的定义："本办法所称的古树，是指树龄在一百年以上的树木。本办法所称的名木，是指国内外稀有的以及具有历史价值和纪念意义及重要科研价值的树木。"古树名木保护规划是城市绿地系统规划的一个重要内容，须结合本地的实际情况，在理论上、实践上指导古树名木的保护，成为古树名木保护工作的基础和依据。其

主要内容包括加强对古树名木的调查与鉴定、加强对古树名木保护的宣传、明确划定合理的保护范围、保护原有的生态环境、抢救生势衰弱的古树名木、发挥古树名木的景观效应、专项立法等方面。

5.8　避灾绿地规划

避灾绿地是指利用城市绿地（城市公园、小游园、林阴道、广场等）建立起来的防止地震、火灾、水灾等城市灾害的绿色避灾体系，其内容包括避灾据点的选择和避灾通道的布置。一个城市只有具备相当面积的绿地，才能为避难救灾提供基本条件，尤其区级以上的公共绿地面积最好2公顷以上，市级公园面积依城市规模可定在10~30公顷之间。其他各类绿地，如单位附属绿地、防护绿地、生产绿地也是必不可少的。绝大多数突发灾害发生时间、地点无法准确预测，人们滞留地方很分散，因此各种类型、各种规模的绿地都有可能发挥作用。根据我国城市的实际情况，建议作为应急避难的绿地平均面积应有5~10公顷。一级和二级避灾点与避灾通道的布局要求选址在多数人居住与停留的地方，以及很可能发生灾害的地方（图5-9）。

复习题

1．城市绿地系统规划的主要成果包括哪些？

2．对我国城市绿地系统规划方案进行搜集整理，重点分析其规划总图与布局结构，找出国内绿地系统规划工作中的优点与存在的不足。

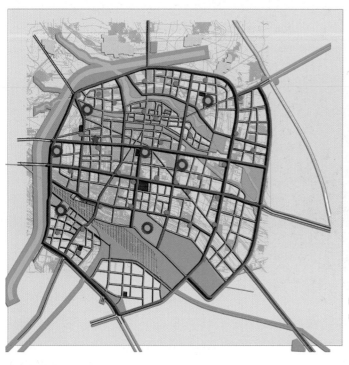

图 例

★　避灾指挥中心

◎　二级避灾据点

●　一级避灾据点

████　救灾通道

────　避灾通道

图5-9　避灾绿地系统规划图

6 城市公园规划设计

[教学要求]

- 掌握城市公园规划设计中的各种指标与规范。
- 重点掌握城市综合性公园的主要规划设计内容。
- 了解城市专类公园规划设计内容。
- 掌握带状公园与街旁绿地的规划设计要点。

6.1 概述

城市公园的类型由于所处地理位置和功能要求的不同，呈现丰富多样的形态。在《城市绿地分类标准》（CJJ/T85-2002）中，对城市公园有了明确的分类。公园绿地包括综合公园、社区公园、专类公园、带状公园、街旁绿地等。

公园绿地是城市绿地系统中一个重要的绿地类型和主要组成部分，其技术指标直接反映了城市绿地建设水平、环境与居民生活质量。因此，各国城市公园绿地规划建设都具有特定的指标要求。目前，我国的基本指标（《公园设计规范》）是要求各种公园绿地中园林植物的种植面积即绿地率必须大于65%，其中综合性文化休息公园、综合性动物园、其他各种专类公园大于70%，综合性植物园及风景名胜区大于85%。

同时，作为计算各种设施的容量、个数、用地面积以及进行公园管理的依据，公园设计必须确定公园的游人容量。公园的游人容量是指游览旺季高峰期同时在公园内的游人数。

按以下公式计算：C=A/Am（C=公园游人容量，A=公园总面积，Am=公园游人人均占地面积）

按照人流量，市、区级公园游人人均占有公园面积以60平方米为宜，居住区公园、带状公园和居住小区游园以30平方米为宜；近期公园绿地人均指标低的城市，游人人均占有公园面积可酌情降低，但最低游人人均占有公园的陆地面积不得低于15平方米。风景名胜公园游人人均占有公园面积宜大于100平方米。水面和坡度大于50%的陡坡山地面积之和超过总面积的50%的公园，游人人均占有公园面积应适当增加。

6.2 城市综合性公园规划设计

6.2.1 功能分区规划

公园内有多种多样的游乐设施，对于不同年龄的人们来说他们的兴趣和爱好也不同，有的要求宁静的环境，有的要求热闹的气氛，因此有必要将公园的活动内容进行分区布置。根据建设部建标［1992］384号《公园设计规范》，综合性公园的内容应包括多种文化娱乐设施、儿童游戏场和安静休憩区，也可设游戏型体育设施。具体来说，公园内功能分区应该根据公园的规模进行划分，不能生硬地划分，尤其是对于面积较小的公园，分区比较困难时，要从活动内容上作整体合理的安排。面积较大的公园，规划设计时，功能分区比较重要，主要是使各类活动设施使用方便，互不干扰，尽可能考虑自然环境和现状特点，要因地制宜地划分各功能区（图6-1、图6-2）。当公

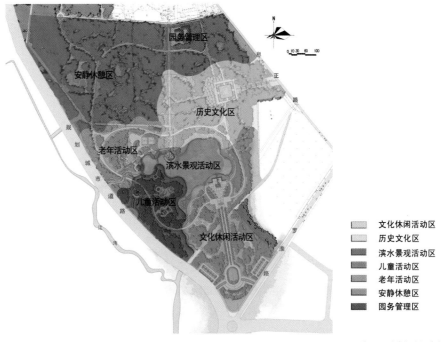

图6-1 功能分区规划图

图6-2 总平面图

园面积较小时，明确分区往往会有困难，常将各种不同性质的活动内容作整体的合理安排，有些项目可以作适当压缩或将一种活动的规模、设施减少合并到功能相近的区域内。

6.2.2 道路系统规划

园林道路是公园的组成部分，起着组织空间、引导游览、交通联系并提供散步休息场所的作用。它像脉络一样，把公园的各个景区连成整体（图6-3）。园路本身又

▲	主入口
▲	次入口
P	停车场
▬	一级园路
—	二级园路
▬	三级园路

图6-3 道路系统规划图

是风景园林的组成部分，蜿蜒起伏的曲线、精美的铺装图案，能够给人以美的享受。园路布局要从公园的使用功能出发，根据地形、地貌和景点的分布以及园务管理的综合考虑，统一规划，做到主次分明，功能明确。

园路分为主干道、次干道、散步道和专用道。主干道主要通往公园各大区、主要建筑设施、风景点。主干道一般路宽4~6米，具有引导游览、易于识别方向的作用。次干道一般宽2~4米，是公园各区内的主道，引导游人到各景点、专类园，对主路起辅导作用。散步道是供游人散步使用，宽1~2米。专用道多为园务管理使用，在园内与游览路分开，应减少交叉，以免干扰游览。

西方园林多采用规则式布局，园路笔直宽大，轴线对称，成几何形。中国园林多以山水为中心，园林也多为自然式布局，园路讲究含蓄；但在庭院、寺庙园林或纪念性园林中，多采用规则式布局。园路的布局应做到主次分明，因地制宜，和地形密切配合。园路的路网密度宜在200~380米/公顷之间。

6.2.3 植物种植规划

公园的绿化用地应全部用绿色植物覆盖，全园的植物组群类型及分布，应根据当地的气候状况、园外的环境特征、园内的立地条件，结合景观构想、防护功能要求和当地居民游赏习惯确定，应做到充分绿化和满足多种游憩及

审美的要求。根据当地自然地理条件、城市特点、市民爱好，乔、灌、草结合，合理布局，创造生态效果良好、形态优美的植物景观（图6-4）。

6.2.4 配套服务设施规划

城市公园内的配套服务设施是指所有公园通常都应具备的、保证游人活动和管理使用的基本设施，属于公园中的共性设施（表6-1）。在《公园设计规范》中，主要分为以下几个类型：

表6-1　城市公园常规设施类型

设施类型	设施项目
游憩设施	亭或廊、厅榭码头、棚架、圆椅圆凳、活动场地
服务设施	小卖店、茶座咖啡厅、餐厅、摄影部、售票房
公用设施	厕所、园灯、公用电话、果皮箱、饮水站、路标导游牌、停车场、自行车存车处
管理设施	管理办公室、治安机构、垃圾站、变电室泵房、生产温室荫棚、电话交换站、广播室、仓库、修理车间、管理班组、职工食堂、淋浴室、车库

由于城市公园类型各异，因此服务设施的项目也不尽相同，主要受公园用地面积、规模大小、游人数量与游人分布情况的影响较大。在进行公园配套服务设施规划时，公园里的座凳、电话亭、垃圾桶、公厕等服务设施应按游览线路的安排结合活动项目的分布，设在游人集中较多、停留时间较长、地点适中的地方，在数量和规模上应与游人容量相适应。

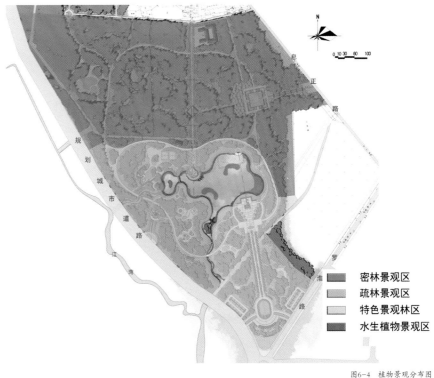

密林景观区
疏林景观区
特色景观林区
水生植物景观区

图6-4　植物景观分布图

6.2.5 重要景点引导性设计

城市公园按照规划设计意图，根据游览需要，组成一定范围的各种景观地段，划分为不同景区，每个景区都是一个独立的景观空间（图6-5~图6-7）。当前，公园景点的设置已经成为设计师控制场地空间的主要手段。景观节点虽可独立成景，但其景观变化仍出自公园总体的设计理念和内容，其设计可以结合雕塑、构筑物、植物、地形地貌等景观要素，经过人工的概括、提炼、选择、加工，增

加文化内涵，使景点特色更集中、更突出。

6.3 专类公园规划设计

6.3.1 植物园规划设计

植物园指进行植物科学研究和引种驯化，并供观赏、游憩及开展科普活动的绿地。植物园应选在土壤、水源较好的地方。因其用地规模较大，常选址于交通方便的近郊区。根据《公园设计规范》，植物园全园面积宜大于40公

图6-5 入口广场效果图

图6-6 健身广场效果图

顷。专类植物园应以展出具有明显特征或重要意义的植物为主要内容，全园面积宜大于20公顷。盆景园应以展出各种盆景为主要内容，独立的盆景园面积宜大于2公顷。植物园的功能分区一般包括科普展览区、科普教育区、科研实验及苗圃区、职工生活区等。

植物园规划设计要求首先确定建园的目的、性质、任务，确定植物园的用地面积、分区及各部分的用地比例以及建筑的位置和面积。其次，在植物园道路系统方面，通过对园路进行分级、分类，形成合理的游览流线和科研生产专用流线。最后，在满足植物园性质和功能需要的前提下，构建较稳定的植物群落。在形式上，以自然式为主，创造各种密林、疏林、树丛、孤植树、草地、花丛等景观。注意设置乔、灌、草相结合的立体、混交绿地。

6.3.2 动物园规划设计

动物园是指在人工饲养条件下，移地保护野生动物，供观赏、普及科学知识，进行科学研究和动物繁育，并具有良好设施的绿地。动物园的用地规模与展出动物的种类相关，面积小至15公顷以下，大至60公顷以上。动物园规划设计要求应有明确功能分区，动物的笼舍和服务建筑应与出入口、广场、导游线相协调，形成串联、并联、放射、混合等方式，以方便游人全面或重点参观。游览路线一般逆时针右转，主要道路和专用道路要求能通行汽车，以便管理使用。主体建筑设在主要出入口的开阔地上、全园主要轴线上或全园制高点上。外围应围墙、隔离沟和林

地，设置方便的出入口、专用出入口，以防动物出园伤害人畜。

在绿化设计方面，首先要维护动物生活，结合动物生态习性和生活环境，创造自然的生态模式。在园的外围应设置宽30米的防风、防尘、杀菌林带。在陈列区，特别是兽舍旁，应结合动物的生态习性，表现动物原产地的景观，既不能阻挡游人的视线，又要满足游人夏季遮阳的需要。在休息游览区，可结合干道、广场，种植林阴树、花坛、花架。在大面积的生产区，可结合生产种植果木、生产饲料。

6.3.3 儿童公园规划设计

儿童公园指单独设置，为少年儿童提供游戏及开展科普、文体活动，有安全、完善设施的绿地，其主要任务是使少年儿童在活动中锻炼身体，增长知识，热爱自然，热爱科学，热爱祖国等，培养优良的社会风尚。儿童公园面积一般5公顷左右，园内的各种活动设施、建筑物、构筑物以及植物布置等都应符合儿童的生理、心理及行为特征，并具有安全性、趣味性和知识性。其选址应接近居住区，同时应避免使用者穿越交通频繁的干道。

儿童公园的功能分区一般包括幼儿活动区、学龄儿童活动区、体育活动区、娱乐及少年科学活动区和管理办公区。

儿童公园规划设计应按不同年龄儿童使用比例、心理及活动特点来划分空间，创造优良的自然环境，绿化用地

图6-7 儿童天地效果图

53

占全园用地的50%以上，保持全园绿化覆盖率在70%以上，并注意通风、日照。大门设置道路网、雕塑等，要简明、醒目，以便幼儿寻找。建筑等小品设施要求形象生动，色彩鲜明，主题突出，比例尺度小，易被儿童接受。

6.3.4　纪念性公园的规划设计

纪念性公园是为当地的历史人物、革命活动发生地、革命伟人及重大历史事件而设置的公园。另外还有些纪念公园是以纪念馆、陵墓等形式建造的，如南京中山陵、鲁迅纪念馆等。纪念性公园常常分为纪念区和园林区。

纪念性公园的布局形式常采用规划式布局，特别是在纪念区，应有明显的轴线和干道。在地形处理方面，在纪念区应为规则式的平地或台地，主体建筑应安排在园内最高点处。在纪念区，为方便群众的纪念活动，应在纪念主体建筑前方，安排有规则式的广场，广场的中轴线应与主体建筑轴线在同一条直线上。除纪念区外，还应有一般园林所应有的园林区，但要求两区之间必须有建筑、山体或树木分开，二者互不通视为宜。在树种规划上，纪念区以具有某些象征意义的树种为主，如松柏等，而在休息区则营造一种轻松的环境。

6.3.5　主题公园规划设计

主题公园也称为主题游乐园或主题乐园，它是公园的一种延展，是以一定文化为背景，主要依托人造景观的大型公园。国内第一个真正意义上的主题公园是深圳的"锦绣中华"，由此带动了国内主题公园建设的第一波高潮。主题公园的涌现，在客观上顺应了人们对休闲娱乐的需求，它融主题性、游乐性、休闲性于一体的游乐方式，丰富生动的文化内涵，参与性、互动性的娱乐设计都是特色所在，特别是相比其他公园增加了高科技的含量。

主题公园的种类常分为历史类、异国他乡类、文学类、影视类、科学技术类和自然生态类。在功能分区上分为游览区和服务区。游览区是主题公园的主要功能区，游人主要在此观赏景物、欣赏表演、参与活动等，是乐园中面积最大、内容和设施最为丰富的功能区。一般可以把游览区分为几个景区或主题区域。服务区主要是主题公园的配套服务设施，如餐饮、导游、购物、寄宿、娱乐、安全保卫、救护、通讯等。在进行功能服务区布局时多采用入口区域集中设置和全园呈网状散点设置相结合的形式。

6.3.6　体育公园规划设计

体育公园是一种特殊性质的城市公园，既有符合一定技术标准的体育运动设施，又有较充分的绿化布置，主要是进行各类体育运动比赛和练习用，同时可供运动员及群众休息游憩。体育公园占地比较大，一般不小于10公顷，建设投资大、管理养护成本高。

在功能分区方面，体育公园常分为室内体育活动场馆区、室外体育活动区、儿童活动区和观赏游览区。在规划布局方面，应以体育活动场所和设施为中心，其他方面的布局均应服从这个中心。同时在布局上应该相对集中，为各种不同年龄的人们锻炼身体，进行各种体育活动创造条件。因地制宜，充分利用现状及自然地形，和体育活动有机组合起来。在绿化形式上，应与园内的设施及活动内容协调一致，在不影响进行体育活动的前提下，增加绿化面积。树种选择上，应以污染少、观赏价值高的树种为主。

6.4　带状公园规划设计

城市带状公园是沿城市道路、城墙、水滨等设置的有一定游憩设施的狭长形绿地。带状公园常结合城市道路、水系、城墙而建设，是绿地系统中颇具特色的构成要素，承担着城市生态走廊的职能。宽度是城市带状公园设计的基本指标，带状公园宽度一般应在10米以上，最窄处应能满足游人的通行、绿化种植带的延续以及小型休息设施布置要求。下图是宽80米的城市道路带状公园平面图（图6-8）。

城市带状公园的布局特点是所有节点空间沿纵向展开。在公园长轴方向，将公园合理划分为若干空间段落，然后根据一定的韵律将空间串联，要使活动者感受到活动方向上空间的连续性和秩序感。城市带状公园可在长75～100米处分段设置出入口，各段布置要突出特色。在绿地两端出入口处，可将游步路加宽或设小广场，形成较开敞的空间。城市带状公园的园路系统比一般公园的园路系统要简单得多。带状公园园路布线包括三种形式，分别是直线型、折线型和曲线型。一般情况下，20米宽度是一个让人感到亲切的尺度，当带状公园宽度小于20米时，设置一条园路，园路位于中间或偏向一侧；宽度在20米以上时，设置两条或两条以上园路；宽度在50米以上时，可采用自然式布局布置成小游园形式。

在城市带状公园中，植物造景要满足生动和谐的连续性、统一性，在有序中包含局部的变化强调。绿带内应以植物为主，特别是在炎热的地方需要更多的遮阴，故常绿树的比例可大些，在北方则以落叶树为主。

6.5　街旁绿地规划设计

街旁绿地指位于城市道路用地之外，相对独立的绿地，包括街道广场绿地、小型沿街绿化用地等，其绿地率应不小于65％。街旁绿地的位置决定了其使用性质、使用群体类型、使用率高低和活动内容。依据城市街旁绿地与城市道路系统的位置关系，城市街旁绿地大致可分为沿街绿地、街角绿地、建筑前庭绿地、跨街区绿地。

　　街旁绿地平面布置形式有三种：规则式、自然式、混合式（图6-9）。规则式布局，这种绿地的园路、绿化种植和广场设计都是有规律的几何图形，有明显中轴线。自然式布局，这种绿地的园路为曲线，植物的种植沿道路按自由式种植。混合式布局是规则式和自然式相结合的形式，布局不受限制，灵活运用。可根据基地原有地形和各个地段不同的特点来设计成规则式或自然式，在面积较大时，

可以分割成几个空间，空间过渡自然，主次配合，总体格局协调。

复习题

1. 城市综合性公园的功能分区有哪些？
2. 搜集城市优秀公园实例，分析其设计理念与方法。
3. 带状公园的空间布局有哪些特点，应如何组织？
4. 在街旁绿地设计中，应重点考虑哪些功能？

图6-8　城市带状公园局部平面图

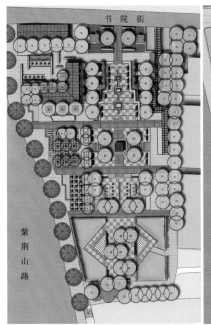

规则式

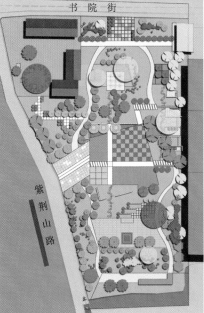

自然式

混合式

图6-9　街旁绿地设计

7 道路及广场绿地规划设计

[教学要求]
- 了解城市道路绿地的组成与断面形式。
- 掌握各类城市道路绿地的树种选择要求。
- 重点掌握城市广场空间处理手法。

7.1 城市道路绿地概述

城市道路绿地是城市园林绿地的重要组成部分，一般分为道路绿带、交通岛绿地、广场绿地和停车场绿地（图7-1）。道路绿带是道路红线范围内的带状绿地。道路绿带分为分车绿带、行道树绿带和路侧绿带。分车绿带是指车行道之间可以绿化的分隔带；行道树绿带是布设在人行道与车行道之间，以种植行道树为主的绿带；路侧绿带是指在道路侧方，布设在人行道边缘至道路红线之间的绿带。交通岛绿地分为中心岛绿地、导向岛绿地和立体交叉绿岛。中心岛绿地是位于交叉路口上可绿化的中心岛用地；导向岛绿地是位于交叉路口上可绿化的导向岛用地；立体交叉绿岛是指互通式立体交叉干道与匝道围合的绿化

用地。广场、停车场绿地是指广场、停车场用地范围内的绿化用地。

7.2 道路绿带规划设计

（1）分车绿带的设计

道路分车带是分隔城市道路交通的绿化带，常见为单排（分隔上下行车道）和双排（分隔快慢车道）两种形式。分车带的宽度，依车行道的性质和街道总宽度而定，高速公路分车带的宽度可达5~20米，一般也要5米，但最低宽度不能小于1.5米。当分车绿带宽度大于2.5米时才能种植乔木。为了便于行人横穿街道，分车绿带应适当进行分段，一般采用75~100米的长度为宜。分段的断口应尽可能与人行横道、大型商店和人流集散比较集中的公共建筑出入口相结合。

分车带以种植草皮与灌木为主，尤其在高速干道上的分车带更应该种植乔木，以使司机不受树影、落叶的影响，以保持高速干道行驶车辆的安全。在一般干道的分车带上可以种植0.7米以下的绿篱、灌木、花卉、草皮等。分车带常见的种植形式有封闭式种植和开敞式种植。封闭式种植造成以植物封闭道路的境界，在分车带上种植单行或双行的丛生灌木或慢生常绿树，当株距小于5倍冠幅时，可

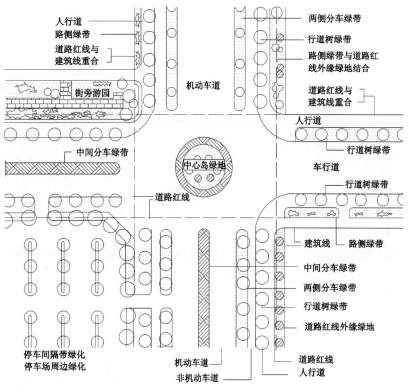

图7-1 城市道路绿地的组成示意图

起到绿色隔墙作用（图7-2）。开敞式种植是分车带上种植草皮、低矮灌木或较大株距的大乔木以达开朗、通透境界，大乔木的树干应该裸露（图7-3）。

（2）行道树绿带设计

行道树布设在人行道和车行道之间，其作用主要是为行人及非机动车庇荫。行道树种植方式，通常有树带式和树池式两种。树带式是在人行道和车行道之间留出一条不加铺装的种植带的种植方式，宽度一般不小于1.5米。此种植方式适用于交通及人流不大的路段。在交通量大、行人较多、路面人行道又窄的路段采用树池形式种植行道树，即树池式。树池的形状可以是正方形，其规格以1.5米×1.5米为宜；亦可为长方形，以1.2米×2米为宜；还可为圆形，直径以不小于1.5米为宜。树池应加以覆盖，常用的覆盖材料有地被植物、树蓖子、卵石、陶粒、碎树皮等。另

外，设计行道树时还应注意与路口、电线杆、公交车站的距离的处理，应保证安全所需的最小距离。

行道树的树种选择一般应把握以下几点：能适应当地生长环境，移植时易成活，生长迅速而健壮的树种（多采用本地树种）；树龄长、材质优良的树种；树干挺拔、树形端正、体形优美、树冠冠幅大、枝叶茂密、遮阴效果好的树种；深根性的、无刺、花果无毒、无臭味、落果少、无飞毛、少根蘖的树种；早发芽、展叶，晚落叶而落叶期整齐的树种；管理粗放，对土壤、水分、肥料要求不高、耐修剪、病虫害少的抗性强的树种。

（3）路侧绿带设计

路侧绿带是指在道路两侧、布设在人行道边缘至道路红线之间、宽度不超过8米（含8米）的绿带；当路侧绿带宽度超过8米时，不论是否位于道路红线范围内，都应计入

图7-2 封闭式分车绿带设计

图7-3 开敞式分车绿带设计

57

街头绿地、防护绿地等相应的绿地类型中，按城市绿地计算，不再按道路绿地计算。

路侧绿带的宽度不同，我国常见的路侧绿带的最低限度为1.5米，其中可配植一行乔木，在乔木间可种以地被或矮灌木形成的绿篱，以增强防护效果。宽度为2.5米的路侧绿带可种植一行乔木，并在靠近车道一侧再种植一行绿篱。5米宽的路侧绿带可交错种植两行乔木，并在乔木间隙配植灌木，也可种一行乔木并在乔木两侧配植两行灌木，之间空地可种植开花灌木、花卉等（图7-4）。路侧绿带宽度大于8米时，可设计成开放式绿地，方便行人进出、游憩，提高绿地的功能作用。

7.3 交通岛的规划设计

（1）中心岛绿地绿化设计

中心岛是设置在交叉口中央，用来组织左转弯车辆交通和分隔对向车流的交通岛，习惯常称为转盘。中心岛的形状主要取决于相交道路中心线的角度、交通量大小和等级等具体条件，一般多用圆形，也有椭圆形、卵形、圆角方形和菱形等。常规中心岛直径在25米以上，我国大中城市多采用40～80米。

中心岛绿化是道路绿化的一种特殊形式，原则上只具有观赏作用，是不许游人进入的装饰性绿地。布置形式有规则式、自然式、抽象式等。为了便于绕行车辆的驾驶员准确、快速识别各路口，中心岛不宜密植乔木、常绿小乔木或大灌木。绿化以草坪、花卉为主，或选用几种不同质感、不同颜色的低矮的常绿树、花灌木和草坪组成模纹花坛。图案应简洁、曲线优美、色彩明快（图7-5）。

（2）导向岛绿地绿化设计

导向岛绿地是指位于交叉路口上可绿化的导向岛用地，是由道路转角处的行道树、交通岛以及一些装饰性绿地组成。为了保证驾驶员能及时看到车辆行驶情况和交通管制信号，在道路交叉口必须为司机留出一定的安全距离，绿化应选用地被植物、花坛或草坪。如果布置防护绿篱或其他装饰性绿地，株高也不得超过0.7米。

（3）立体交叉绿岛绿化设计

立体交叉是指两条道路在不同平面上的交叉，分为分离式和互通式两类。分离式立体交叉分隧道式和跨路桥式，其上、下道路之间没有匝道连通。互通式立体交叉除设隧道或跨路桥外，还设置有连通上、下道路的匝道。立交交叉绿岛的绿化布置要服从立体交叉的交通功能，使司机有足够的安全视距。绿岛是立体交叉中面积比较大的绿化地段，因处于不同高度的主、干道之间，常常形成较大的坡度，应设挡土墙减缓绿地的坡度，一般坡度以不超过5%为宜，较大的绿岛内还需考虑安装喷灌系统。绿岛一般应种植开阔的草坪，草坪上点缀具有较高观赏价值的常绿树和花灌木，也可以种植一些宿根花卉，构成一幅壮观的图景（图7-6）。立体交叉外围绿化树种的选择和种植方式，要和道路伸展方向绿化建筑物不同性质结合起来，和

图7-4 路侧绿带植物设计效果图

周围的建筑物、道路、路灯、地下设施及地下各种管线密切配合，做到地上地下合理布置，才能取得较好的绿化效果。

7.4　停车场规划设计

停车场是指城市中集中露天停放车辆的场所，按车辆性质可分机动车和非机动车停车场。

机动车停车场分为周边式停车场、树林式停车场和建筑前的广场兼作停车场。较小的停车场适用于周边式，这种形式上四周种植落叶乔木、常绿乔木、花灌木、草坪或围以栏杆，场内地面全部硬质铺装。近年来，为了改善环境，提高绿化率，停车场纷纷采用草坪砖作铺装材料。树林式停车场多用于面积较大的停车场，场地内种植成行、成列的落叶乔木。由于场内有绿化带，形成浓荫，夏季气

图7-5　中心岛绿化设计效果图

图7-6　立交交叉绿岛设计效果图

温比道路上低，适宜人和车停留。树林式停车场还可兼作一般绿地，不停车时，人们可进入休息。建筑前的广场兼作停车场是由于靠近建筑物而使用方便，是目前运用最多的停车场形式。这种形式的绿化布置灵活，多结合基础栽植、前庭绿化和部分行道树设计。设计时绿化既要衬托建筑，又要起到一定的遮阳和隐蔽效果，故一般种植乔木和高绿篱或结合灌木。

自行车停车场的设置应结合道路、广场和公共建筑布置，划定专门用地合理安排。一般为露天设置，也可加盖凉棚。自行车停车场出入口应不少于2个。出入口宽度应满足两辆车同时推行进出，一般2.5～3.5米。场内停车区应分组安排，每组长度宜为15～20米。自行车停车场应充分利用树荫遮阳防晒，地面尽可能铺装，减少泥沙、灰尘等污染环境。

7.5　城市广场规划设计

城市广场是城市道路交通系统中具有多种功能的空间，是人们政治、文化活动的中心，也是公共建筑最为集中的地方。到目前为止，城市广场的定义还没有达成一个统一的说法。一般认为广场是由建筑物、街道和绿地等围合或限定形成的城市公共活动空间，是城市空间环境中最具有公共性、最富艺术魅力、最能反映城市文化特性的开放空间。广场具有多功能、多景观、多活动、多信息、大容量的作用，按广场的主要性质一般可分为集会性广场、纪念性广场、交通性广场、商业性广场和文化娱乐休闲广场。

城市广场的空间设计离不开空间尺度、空间层次、空间序列三个方面。在空间尺度方面，一般广场的尺度比例设计是根据广场的性质、规模来决定的。常用的广场几何图形为矩形、正方形、梯形、圆形或其他几何形状的组合。一般长宽比例以4∶3、3∶2、2∶1为宜。广场的宽度与四周建筑物的高度也应有适当的比例，一般以3～6倍为宜。在空间层次方面，可以利用尺度、围合程度、地形高差等手法，采用对称、对景、虚实、呼应等，在广场整体中划分出主与从、公共与相对私密等不同的空间领域（图7-7）。

在空间序列方面，往往利用轴线来组织空间序列，并通过轴线组织来控制整个广场的内在联系，使之成为有机的整体。轴线贯穿于两点之间，围绕轴线布置空间，虽然看不见，却强烈地存在于人们的感觉中，沿着人的视线，轴线有深度和方向感，轴线的终端指引着方向。轴线亦可以产生次要的辅助轴线，丰富空间体系。

广场设计在交通组织上主要分为广场外部交通组织和广场内部交通组织。城市广场外部交通设计应当充分考虑广场建成之后的交通状况，应当优先解决地面交通、地下交通的组织及其转换，同时明确广场周围的人流、车流之间的关系，做好分流规划。在进行广场内部交通组织设计的时候，应当充分考虑到广场的休闲性、娱乐性和文化性。建议在广场内不设车流或少设车流，形成随意轻松的内部交通组织，使人们在不受干扰的情况下充分使用广场空间（图7-8）。

图7-7　广场空间布局设计效果图

铺装是广场设计的一个重点，广场铺装不仅为人们提供活动的场所，而且对空间的构成有很多作用，它可以通过图案将地面上的人、树、设施与建筑联系起来，以构成整体的美感，也可以通过地面的处理来使室内外空间与实体相互渗透（图7-9）。从装饰性上，广场铺装应以简洁为主，通过其本身色彩、图案等来完成对整个广场的修饰，通过一定的组合形式来强调空间的存在和特性，通过一定的结构指明广场的中心及地点位置，以放射的形式或端点形式进行强调。从工程和选材上，铺装应当防滑、耐磨、防水排水性能良好。

在现代城市的广场设计中，逐渐提倡采用园林设计方法。广场绿地种植设计有三种基本形式。第一种是排列式种植，属于整形式，主要用于广场周围或者长条形地带，用于隔离或遮挡，或作背景。第二种是集团式种植，其也

是整形式的一种，这种形式有丰富、浑厚的效果，排列整齐时远看很壮观，近看又很细腻。第三种是自然式种植，是在一个地段内，花木种植疏落有序地布置，从不同的角度望去有不同的景致，生动而活泼。在广场植物配置上，应考虑植物种类的选择，树木的组合，平面和立面的构图、色彩、季相以及园林意境，使绿化更好地装饰、衬托广场，改善环境，利于游人活动与游憩（图7-10）。

在广场中，除了要有足够的铺装硬地供人活动以外，还需要一些功能性的小品，诸如花坛、廊架、座椅、街灯、时钟、垃圾筒、指示牌、雕塑等种类繁多的户外设施。广场中的小品设计服从于广场主题的需求，体现着时代精神和地方特色，在造型上应该活泼多样（图7-11）。当前，为了突出地方文化，往往设计具有鲜明城市文化特征的小品，通过雕塑、灯具、铺地图案、座

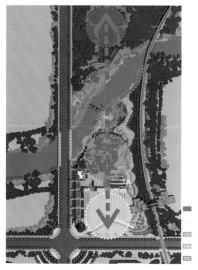

广场空间组织分析图

山水主轴
主题广场区
园林休闲区
滨水休闲区
远景区

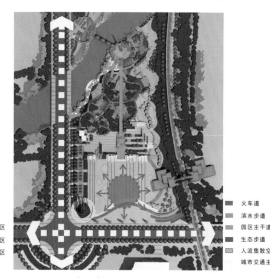

广场交通组织分析图

火车道
滨水步道
园区主干道
生态步道
人流集散空间
城市交通主干道

图7-8 广场空间分析图

图7-9 广场铺装设计效果图

图7-10　广场植物设计效果图

图7-11　广场小品设计效果图

椅等元素烘托广场的城市文化特色，使广场具有文化性、趣味性、识别性、功能性等多层意义。

水一直是城市广场空间永恒的主题，空间有水则灵，它的静止、流动、喷发、跌落都成为引人注目的景观，因此水体常常在娴静的广场空间内创造出跳动、欢乐的景象，成为生命的欢乐之源。广场中的水景有喷泉、跌水、瀑布等形式，尤以喷泉多见。在实际水景设计中，应充分考虑当地的经济条件以及地理气候条件，在水空间创造中要与周围环境和人的活动有机结合起来，尤其要与人的行为心理结合起来，尽可能营造一些安全的近水空间，特别是要针对不同人群的特点营造出适合不同人群的近水活动，包括看水、戏水、听水、闻水等场所和空间（图7-12）。

复习题

1．在设计中如何利用植物造景，丰富各类道路绿地的景观层次与结构？

2．在城市广场设计中，文化娱乐性广场的规划设计应从哪些方面突出特色？

3．分析所在校园广场，指出有哪些设计要素和使用了哪些设计手法进行空间布局。

图7-12　广场水景设计效果图

8 居住区绿地规划设计

[教学要求]

· 了解居住区内各种绿地的类型、规划指标及布局方式。

· 重点掌握居住区公共绿地的规划设计方法与内容。

· 掌握居住区各类绿地植物配置与树种选择要求。

· 掌握居住区绿地内的各类场地与小品设计的内容与要点。

8.1 概述

居住区是居民生活在城市中以群集聚居，形成规模不等的居住地段（图8-1）。居住区绿地是指在城市规划中确定的居住用地范围内的绿地和居住区公园，包括居住区、居住小区以及城市规划中零散居住用地内的绿地。居住区绿地在城市绿地中占有较大比重，是居民日常使用频率最高的绿地类型。

居住区绿地由居住区公共绿地、宅旁及庭院绿地、道路绿地和配套公建设施绿地等四大类组成。目前，我国居住区规划结构的基本形式一般为居住区—居住小区—居住组团，即一个居住区由多个居住小区组成，一个居住小区由多个居住组团组成。根据居住区不同的规划组织结构类型，设置相应的中心公共绿地，一般包括居住区公园（居住区级）、小游园（小区级）和组团绿地（组团级），以及儿童游戏场和其他的块状、带状公共绿地等。宅旁及庭院绿地是指居住建筑四周的绿化用地及居民庭院绿地，包括住宅前后及两栋住宅之间的绿地。居住区道路绿地是居住区内道路红线以内的绿地，其连接城市干道，具有遮荫、防护、丰富道路景观等功能，一般根据道路的分级、地形、交通情况等进行布置。配套公建设施绿地指居住区内各类公共建筑和公用设施，如中小学校、托儿所、文化站、物业管理站等内部的绿化用地，是居住区绿地的重要组成部分。

居住区绿地的基本任务就是为居民创造一个安静、卫生、舒适的生活环境，促进居民的身心健康。因此，居住区绿地规划布局要运用城市设计原理，以人为本，从使

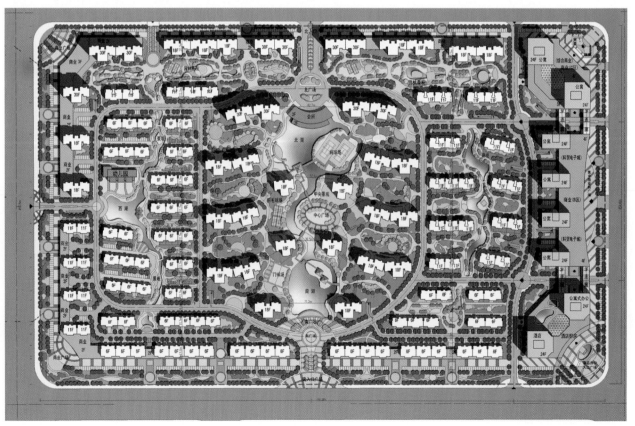

图8-1 居住区规划布局总平面图

用功能出发，在空间层次划分、住宅组团结合、景观序列布置、小区识别性方面体现地方特色。居住区绿地规划布局之前，应综合考虑周边环境、路网结构、公建与住宅布局、群体组合、绿地系统及空间环境等的内在联系，采用

集中与分散，重点与一般，点、线、面相结合等方法，以居住区公共绿地为中心，以道路绿化为网络，以住宅间绿化为基础，构成一个完善的有机整体（图8-2）。

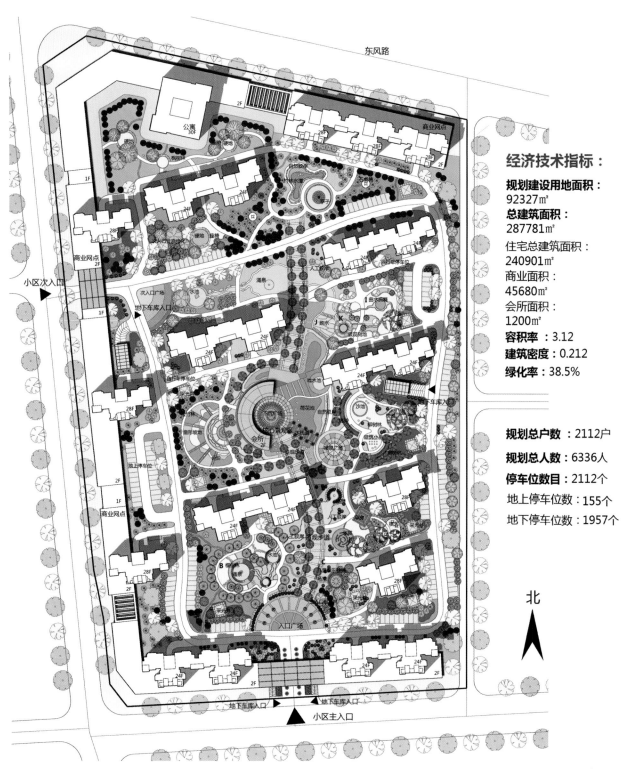

经济技术指标：

规划建设用地面积：
92327㎡

总建筑面积：
287781㎡

住宅总建筑面积：
240901㎡

商业面积：
45680㎡

会所面积：
1200㎡

容积率：3.12

建筑密度：0.212

绿化率：38.5%

规划总户数：2112户

规划总人数：6336人

停车位数目：2112个

地上停车位数：155个

地下停车位数：1957个

北

图8-2 居住区绿地规划布局平面图

8.2 居住区公共绿地规划设计

8.2.1 居住区级公园设计

居住区级公园是居住区绿地中规模最大、服务范围最广的一种绿地，为整个居住区的居民服务。通常布置在居住区中心位置，最好与居住区的商业文娱中心结合在一起，以方便居民使用。居民步行到居住区公园应在10分钟左右的路程，服务半径以800～1000米为宜，最小用地不得少于1公顷。

居住区公园面积通常较大，相当于城市小型公园。其规划布局首先要有明确的功能分区和清晰的浏览路线，内容比较丰富、设施比较齐全。其次，在内容、设施、位置、形式等各方面，要考虑到使用人群的游赏与使用方便。最后，居住区绿地应保持合理的绿化用地比例，满足风景审美的要求，注意意境的创造，充分利用地形、水体、植物及人工建筑物塑造景观，形成优美自然的绿化景观和优良的生态环境，发挥园林植物群落在形成公园景观和公园良好生态环境中的主导作用（图8-3）。

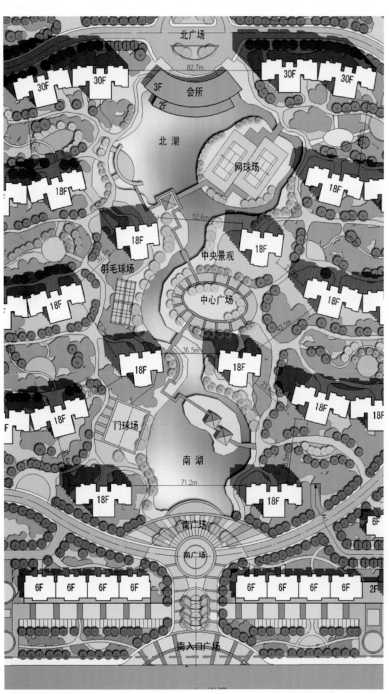

图8-3 居住区级公园绿地平面图

8.2.2　居住小区游园设计

居住小区中心游园是为居民提供茶余饭后活动休息的场所，利用率高，要求位置适中，尽可能与小区公共活动或商业服务中心、文化体育设施等公共建筑设施结合布置，集居民游乐、观赏、休闲、社交、购物等多功能于一体，形成一个完整的居民生活中心。在规模较小的小区中，小区游园也可在小区一侧沿街布置或在道路的转弯处两侧沿街布置。

居住小区游园面积的大小要适宜，服务半径以300～500米为宜，最小面积不能小于0.4公顷。在布局方面，应采用集中与分散相结合。居住小区游园的规划设计应与小区总体规划密切配合，综合考虑，使小区游园能妥善地与周围城市园林绿地衔接，尤其要注意小区游园与道路绿化的衔接。在风格上应简洁朴实，具有特色，绿化效果明显，受居民的喜爱。园内布局要有一定的功能划分，

要让不同年龄、不同爱好的居民能各得其所、乐在其中、互不干扰、组织有序（图8-4）。小区游园因用地面积较小，主要表现在动、静的分区，并注意处理好动、静两区之间在空间布局上的联系与分隔问题。

小区游园园路布局宜主次分明、导游明显，以利平面构图和组织游览。园路可以随地形变化而起伏，随景观布局之需要而弯曲、转折，在折弯处布置树丛、小品、山石，增加沿路的趣味。设置座椅处要局部加宽。园路宽度以不小于二人并排行走的宽度为宜，一般主路宽3米左右，次路宽1.5～2米。为了行走舒适和有利排水，园路横坡坡度一般为1.5%～2%，纵坡坡度最小为3%，当坡度超过8%时要以台阶式布置。路面最简易的为水泥、沥青铺装，亦可以虎皮石、卵石纹样铺砌，预制彩色水泥板拼花等，以加强路面艺术效果，在树木衬映下更显优美。

小区游园的小广场一般以游憩、观赏、集散为主，中

图8-4　居住小区游园平面图

心部位多设有花坛、雕塑、喷水池等装饰小品，四周多设座椅、花架、柱廊等，供人休息。在小区游园里布置的休息、活动场地，其地面可以进行铺装，铺设草皮，或以透吸性强的沙子铺地。在这里可以休息、打羽毛球、做操、打拳、弈棋等。广场上还可适当栽植乔木，以遮阳避晒。围着树干还可制作椅子，为人们坐息之处。

小区游园以植物造园为主，在绿色植物衬映下，适当布置园林建筑小品，能丰富绿地内容，增加游憩趣味，空间富于变化，起到点景作用，也为居民提供停留休息观赏的地方。小区游园面积小，又为住宅建筑所包围，因此要有适当的尺度感，总的说来宜小不宜大，宜精不宜粗，宜轻巧不宜笨拙，使之起到画龙点睛的效果。小区游园的园林建筑及小品有亭、廊、榭、棚架、水池、喷泉、花坪、花台、栏杆、坐凳以及雕塑、果皮箱、宣传栏等。

8.2.3 组团绿地设计

组团绿地是直接靠近住宅的公共绿地，通常是结合居住建筑组布置，服务对象是组团内居民，主要为老人和儿童就近活动、休息提供场所。每个组团绿地用地不大，面积一般在0.1～0.2公顷，最小不应小于 0.04公顷。一个居住小区往往有多个组团绿地。

组团绿地的布置要注意出入口的位置，道路、广场的布置要与绿地周围的道路系统及人流方向结合起来考虑。同时绿地内要有足够的铺装地面，以方便居民休息活动，也有利于绿地的清洁卫生（图8-5）。根据组团绿地服务对象及其使用功能需要，组团绿地布设内容大体上包括绿化种植、安静休息和游戏活动三个部分。绿化种植部分，可种植乔木、灌木、花卉和铺设草地，亦可设花架种爬藤植物，置水池植水生植物，植物配置要考虑季相景观变化及植物生长的生态要求。安静休息部分，设亭、花架、桌、椅、阅报栏、园灯等建筑小品，并布置一定的铺装地面和草地，供老人坐憩、阔谈、阅读、下棋或练拳等活动。游戏活动部分，可分别设计幼儿和少儿活动场，供儿童进行游戏和简易体育活动，如捉迷藏、玩沙堆、戏水、跳绳、打乒乓球等，还可选设滑、转、荡、攀、爬等器械的游戏。

图8-5 组团绿地平面图

8.3　其他绿地规划设计

8.3.1　宅旁及庭院绿地设计

　　宅旁绿地，即位于住宅四周或两幢住宅之间的绿地，同居民关系最密切，是使用最为频繁的室外空间。庭院绿地是住宅建筑围成的绿化空间，其功能主要是美化生活环境，阻挡外界视线、噪声和灰尘，满足居民就近休息赏景、幼儿就近玩耍等需要，为居民创造一个安静、卫生、舒适、优美的生活环境（图8-6）。

8.3.2　道路绿化设计

　　道路绿化如同绿色的网络，将居住区各类绿化联系起来。根据居住区的规模和要求，居住区道路绿地可分为主干道旁的绿化、次干道旁的绿化和住宅小路的绿化。

　　居住区主干道是联系各小区及居住区内外的主要道路，除了人行外，车辆交通比较频繁，红线宽度一般不小于20米，车道宽一般9米左右。主干道路面宽阔，行道树的栽植要考虑行人的遮阴与车辆交通的安全，在交叉口及转弯处要留有安全视距；宜选用姿态优美、冠大荫浓的乔木

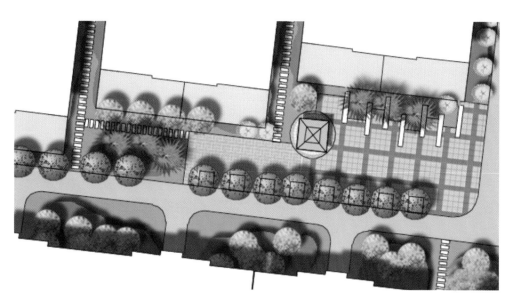

平面图

效果图

图8-6　宅间绿地设计

进行行列式栽植；在人行道与居住建筑之间，可多行列植或丛植乔灌木，以利防止尘埃和阻挡噪声；人行道绿带还可用耐阴花、灌木和草本花卉种植形成花境，借以丰富道路景观；或结合建筑山墙、路边空地采取自然式种植，布置小游园和游憩场地。

居住小区道路是联系居住区主干道和小区内各住宅组团之间的道路，宽6～8米。小区道路是以人行为主，绿化布置应着重考虑居民观赏、游憩需要，丰富多彩、生动活泼（图8-7）。树木配置要活泼多样，根据居住建筑的布置、道路走向以及所处位置、周围环境等加以考虑。树种选择上可以多选小乔木及开花灌木，特别是一些开花繁密的树种和叶色变化的树种，如合欢、樱花、五角枫、红叶李、乌桕、栾树等。

住宅小路是指组团级道路，是联系各住宅的道路，一般宽4～6米，使用功能以通行自行车和行人为主。小路交叉口有时可适当放宽，与休息场地结合布置，也显得灵活多样，丰富道路景观。行列式住宅各条小路，从树种选择到配置方式采取多样化，形成不同景观，也便于识别家门。

8.3.3　配套公建设施绿地设计

居住区的配套公建也称公用服务设施，一般包括公共建筑及其场地，还有附属设备等。配套公建设施绿地一般规模不大，但也发挥着改善居住区小气候、美化环境及丰富生活等积极的作用，是居住区绿地的重要组成部分。由于居住区用地范围内配置的公共服务设施种类较多，且与居民的日常活动直接相关，因此各类公共服务设施的绿地要符合不同的功能要求。例如在学校内要有操场、试验园地等；幼儿园内应设置活动场地、动植物试验场等；医疗机构的绿地可考虑有利于病员候诊休息的绿地等。配套公建设施绿地在布置时要考虑使用方便，结合周围环境，用地紧凑，能够改善环境及构成良好的建筑面貌，若能与小区公共绿地相邻布置，连成一片，扩大绿色视野，则效果更佳。植物配置要考虑景观、遮阴、分隔、防护的要求，掌握好植物的特性，并结合公共建筑的性质来选择树种。

8.4　植物配置和树种选择

绿化是创造舒适、卫生、优美的游憩环境的重要条件之一。居住区绿地最贴近居民生活，所以绿地应以植物

图8-7　居住区次干道景观设计

为主进行布局。居住区绿化既要有统一的格调，又要在布局、树种的选择等方面做到多样而各具特色，以提高居住区绿化艺术水平，营造优美的环境景观。

植物的配置应注意以下几个方面：

（1）植物种类的搭配要有重点、有特色，在统一中求变化，变化中求统一。首先要确定居住区的基调树种（主要用于行道树和庭荫树），以免显得杂乱无章。其次居住区内各组团、各类绿地有各自的特色树种，但植物材料的种类不宜太多。

（2）植物配置要讲究时间和空间景观的有序变化。采用常绿树与阔叶树、速生树与慢生树、乔木与灌木相结合，不同花期的草花与木本花卉相结合，使绿地一年四季都有良好的景观效果，使之产生"春则繁花似锦，夏则绿荫暗香，秋则霜叶似火，冬则翠绿常延"的景象。

（3）植物配置方式要多种多样。运用孤植、对植、丛植、群植、带植等园林艺术配植手法，做到立体配合、比例适当，构成多层次的复合结构，既满足生态效益的要求，又能达到观赏的景观效果。

（4）注意要与建筑物、地下管网有适当的距离，以免影响建筑的通风、采光，影响树木的生长和破坏地下管网。乔木距建筑物5米左右，距地下管网2米左右，灌木距建筑物和地下管网1～1.5米。

8.5 场地与小品设计

8.5.1 场地设计

（1）儿童游戏场的设计

儿童是居住区室外环境中主要的活动群体之一，对室外环境有着很强的依赖性，因此，在居住区绿地规划设计时，应重点加以考虑。儿童游乐场应该在景观绿地中划出固定的区域，一般均为开敞式。游乐场地必须阳光充足，空气清洁，能避开强风的袭扰。应与住区的主要交通道路相隔一定距离，减少汽车噪声的影响并保障儿童的安全。游戏场的选址还应充分考虑儿童活动产生的嘈杂声对附近居民的影响，离开居民窗户10米远为宜。

儿童游戏场的设计要符合儿童的心理、兴趣爱好、游戏玩耍的特点，使之对儿童有吸引力。活动场地的布置、内容、形式、造型以至色彩都要符合儿童的好奇心、求知欲，场地的平面设计要与周围建筑群空间相协调，使创造出的空间富于艺术效果，其形状可呈现规则式的，亦可呈不规则的，形成丰富多变、活泼多样的空间，对儿童更有吸引力（图8-8）。根据不同年龄特点，设置一些游戏器械，如秋千、浪木、转椅、滑梯、攀登架、压板、组合器械等，供不同年龄的儿童游玩，增进儿童的健康。

图8-8 儿童游戏场效果图

71

（2）健身运动场

居住小区的运动场所分为专用运动场和一般的健身运动场，小区的专用运动场多指网球场、羽毛球场、门球场和室内外游泳场，这些运动场应按其技术要求由专业人员进行设计。健身运动场应分散在方便居民就近使用又不扰民的区域，不允许有机动车和非机动车穿越运动场地。健身运动场包括运动区和休息区（图8-9）。运动区应保证有良好的日照和通风，地面宜选用平整防滑适于运动的铺装材料，同时满足易清洗、耐磨、耐腐蚀的要求。室外健身器材要考虑老年人的使用特点，要采取防跌倒措施。休息区布置在运动区周围，供健身运动的居民休息和存放物品。休息区宜种植遮阳乔木，并设置适量的座椅。

（3）休闲广场

休闲广场应设于住区的人流集散地（如中心区、主入口处），面积应根据住区规模和规划设计要求确定，形式宜结合地方特色和建筑风格考虑。广场上应保证大部分面积有日照和遮风条件。广场周边宜种植适量庭荫树和休息座椅，为居民提供休息、活动、交往的设施，在不干扰邻近居民休息的前提下保证适度的灯光照度（图8-10）。广场铺装以硬质材料为主，形式及色彩搭配应具有一定的图案感，不宜采用无防滑措施的光面石材、地砖、玻璃等。广场出入口应符合无障碍设计要求。

图8-9 健身运动场效果图

图8-10 休闲广场效果图

8.5.2 小品设计

　　小品在居住区绿地中能够美化环境、组织空间、方便居民使用，一个设计得体的小品可起到画龙点睛的作用。在现在的居住区绿地设计中，常常将座椅、路灯、园灯、儿童游戏设施、围墙、栏杆、售货亭、垃圾筒等结合起来，做到功能性与装饰性结合一体，是一种既美观又经济、实用的方法。

　　（1）建筑小品

　　建筑小品主要指休息亭、廊、书报亭、花架、钟塔、商品陈列窗、出入口、小桥等（图8-11）。建筑小品可布置在公共绿地或人行休息广场及主要出入口，或用过街楼、雨篷、雕塑喷水池、花台等组成入口广场。

图8-11 休闲花架效果图

（2）装饰小品

装饰小品主要指雕刻、水池、喷水池、叠石、壁画、花坛等。装饰小品是美化居住区环境的重要内容，它除了能活泼和丰富居住区面貌外，还可成居住区的主要标志（图8-12）。

（3）公用设施小品

公用设施小品主要指路名牌、废物箱、路障、沙滤水饮水处、标志牌、广告牌、门牌、楼号、邮筒、晒衣架、公共厕所、电话亭、交通岗亭、消防龙头、公共交通候车棚、灯柱、灯具等。公用设施小品名目和数量繁多，在满足使用要求的前提下，其造型和色彩等都应精心考虑，如垃圾箱、公厕等小品，它们与居民的生活密切相关，既要方便群众，又不能设置过多。照明灯具其造型、高度和规划布置应视不同的功能和艺术要求而定（图8-13）。

图8-12 假山水池效果图

图8-13 景观灯效果图

（4）游憩设施小品

游憩设施小品主要指戏水池、游戏器械、沙坑、坐凳、桌子等。游憩设施小品主要结合公共绿地、人行道、广场等布置。桌、椅、凳等游憩小品，一般结合儿童、成年或老年人休息活动场地布置，或布置在林荫道或休息广场内（图8-14）。游戏器械可分攀登、滑、转、爬、荡、吊等器械，它对增进儿童的身心健康，培养机智勇敢精神等都有很大作用。各种形状不同、色彩不一的器械是形成居住区环境面貌多样化的重要因素。

复习题

1．居住区公共绿地进行规划布局时应注意哪些问题？

2．居住区公共绿地应具备哪些功能与设施？

3．分类搜集整理居住区绿地常见建筑小品与设施。

图8-14 座椅花池效果图

9 附属绿地规划设计

[教学要求]

- 了解附属绿地的分类与绿地率指标。
- 掌握工厂各组成部分绿地设计要点。
- 掌握各类校园绿地的规划设计要点。
- 了解医疗机构与机关单位绿地设计主要内容。

9.1 概述

附属绿地是指城市建设用地中绿地之外的各类用地中的附属绿化用地。附属绿地包括居住用地、公共设施用地、工业用地、仓储用地、对外交通用地、道路广场用地、市政设施用地和特殊用地中的绿地。其中，居住绿地是指城市居住用地内社区公园以外的绿地，包括组团绿地、宅旁绿地、配套公建绿地、小区道路绿地等，它的主要功能是改善居住环境，供居民日常户外活动；公共设施绿地指居住区级以上的公共设施的附属绿地，如医院、电影院、体育馆、商业中心等的附属绿地；工业绿地指工业用地范围内的绿化用地，其主要功能是减轻有害物质对工人及附近居民的危害；仓储绿地指仓储用地内的绿地；对外交通绿地指对外公路、铁路用地范围内的绿地；道路绿地指居住区级以上的城市道路广场用地范围内的绿化用地，包括行道树绿带、分车绿带、交通岛绿地、交通广场和停车场绿地等，它的主要功能是改善城市道路环境，防止汽车尾气、噪声对城市环境的破坏，美化城市景观；市政设施绿地指市政公用设施用地内的绿地，包括水厂、污水处理厂、垃圾处理站等用地范围内的绿地；特殊绿地指特殊用地内的绿地，包括军事、外事、保安等用地范围内的绿地。

附属绿地不仅在城市绿地系统中占有重要比例，而且与城市职工和居民也密不可分，是城市普遍绿化的基础。因此，加强对附属绿地建设规划是十分必要的。附属绿地因所附属的用地性质不同，规划设计与建设管理上也存在较大差异，但都应符合相关规定和城市规划的要求，如"道路绿地"应参照国家现行标准《城市道路绿化规划与设计规范》（CJJ 75-1997）的规定执行。附属绿地的建设管理一般由该单位负责；现有居住区的绿地，由居住区管理机构负责建设管理；新建、扩建、改建的居住区的绿地，由建设单位负责建设管理。各单位都应按标准管理好附属绿地建设，这不仅是本单位环境建设所必需的，同时也是城市景观风貌的要求。

9.2 工厂绿化设计

工厂绿地一般由厂前区绿地、生产区绿地、仓库区绿地和绿化美化地段绿地组成。厂前区绿地是全厂行政、技术、科研中心，是联系城市和生产区的枢纽，是连接职工居住区和厂区的纽带。厂前区一般由主要出入口、门卫、行政办公楼、科研楼、中心实验楼以及食堂、幼托、医疗机构所组成。厂前区绿地一般为广场绿地、建筑周围绿地等。厂前区面貌体现了工厂的形象特色。生产区绿地比较零碎分散，呈条带状和团状分布在道路两侧或车间周围。仓库区绿地是原料和产品堆放、保管和储运区域，分布着仓库和露天堆场，绿地与生产区基本相同，多为边角地带。除此之外，工业企业用地周围还存在着防护林、全厂性的游园、车间之间的小游园、企业内部的水源地绿化以及花圃果园等绿化美化地段。

（1）厂前区绿地设计

厂前区在一定程度上代表着工厂的形象，体现工厂的面貌，同时也是工厂文明生产的象征。因此，厂前区的绿化要美观、整齐、大方，还要方便车辆通行和人流集散。绿地一般多采用规则式或混合式（图9-1）。入口处的布置要富于装饰性和观赏性，强调入口空间。广场周边、道路两侧的行道树，选用冠大荫浓、耐修剪、生长快的乔木或树姿优美、高大雄伟的常绿乔木，形成外围景观或林阴道。花坛、草坪及建筑周围的基础绿带或用修剪整齐的常绿绿篱围边，点缀色彩鲜艳的花灌木、宿根花卉，或植草坪，用色叶灌木形成模纹图案。如用地宽余，厂前区绿化还可与小游园的布置相结合，设置山泉水池、建筑小品、园路小径，放置园灯、凳椅，栽植观赏花木和草坪，形成恬静、清洁、舒适、优美的环境，为职工工余班后休息、散步、交往、娱乐提供场所，这也成为城市景观的一部分。

（2）生产区绿地设计

生产车间周围的绿化要根据车间生产特点及其对环境的要求进行设计，为车间创造生产所需的环境条件，防止和减轻车间污染物对周围环境的影响和危害，满足车间生产安全、检修、运输等方面对环境的要求，为职工提供良好的短暂休息用地（图9-2）。一般情况下，车间周围的绿地设计，首先要考虑有利于生产和室内通风采光，距车间6～8米内不宜栽植高大乔木。其次，要把车间出、入口两侧绿地作为重点绿化美化地段。各类车间生产性质不同，对环境要求也不同，必须根据车间具体情况因地制宜地进行绿化设计。

图9-1　厂前区绿地设计效果图

图9-2　生产区绿地设计效果图

（3）工厂道路绿化设计

厂区道路是厂区绿化的重要组成部分，它反映一个工厂的绿化面貌和特色，是职工接触最多的绿地形式，是厂内绿化体系中线的体现。厂区内道路绿化应在道路设计中统一考虑和布置，与道路两侧的建筑物、构筑物、各种地上地下管线、道路、人行道协调布置（图9-3）。

（4）工厂小游园设计

工厂企业根据厂区内的立地条件，在对厂区进行规划需要开辟小游园时要因地制宜，满足职工工作之余休息、放松、消除疲劳、锻炼、聊天、观赏的需要。这对提高劳动生产率、保证安全生产、开展职工业余文化娱乐活动有重要意义，对美化厂容厂貌也有着重要的作用（图9-4）。

图9-3 工厂道路绿化设计效果图

图9-4 工厂小游园设计效果图

　　游园绿地应选择在职工休息时易于到达的场地，如有自然地形可以利用则更好。工厂小游园可以和职工俱乐部、阅览室、体育活动场地、大礼堂、办公楼、厂前区结合布置，也可利用厂内山丘、水面和车间之间大块空地辟建小游园，通过对各种观赏植物、园林建筑及小品、道路、铺装、水池、座椅等的合理组织与安排，形成优美自然的园林艺术空间。厂区内的休息性游园面积一般都不

大，布局形式可采用规则式、自由式、混合式，根据休息性绿地的用地条件、平面形状、使用性质、职工人流来向、周围建筑布局等灵活采用。

　　（5）仓库、堆场绿地设计

　　仓库区的绿化设计，要考虑消防、交通运输和装卸方便等要求，选用防火树种，禁用易燃树种，疏植高大乔木，间距7~10米，绿化布置宜简洁。在仓库周围要留出

5～7米宽的消防通道。装有易燃物的贮罐四围应以草坪为主，防护堤内不种植物。露天堆场绿化，在不影响物品堆放、车辆进出、装卸条件下，周边栽植高大、防火、隔尘效果好的落叶阔叶树，外围加以隔离。

（6）工厂防护林带设计

工厂防护林带设计是工厂绿化的重要组成部分，尤其是对那些产生有害排出物或生产要求卫生防护很高的工厂更为重要。工厂防护林带的主要作用是滤滞粉尘、净化空气、吸收有毒气体、减轻污染，保护、改善厂区乃至城镇环境。根据《工厂企业设计卫生标准》中规定，凡产生有害物质的工业企业与生活区之间应设置一定的卫生防护距离，并在此距离内进行绿化。因此，结合不同企业的特点，应该选择不同的乡土树种、树种结合形式和合理的结构形式及位置布置卫生防护林，以发挥其最佳作用。

防护林的树种应注意选择生长健壮、抗性强的乡土树种。防护林的树种配置要求为：常绿与落叶植物的比例为1∶1，快长与慢长相结合，乔木与灌木相结合，经济树种与观赏树种相结合。在一般情况下污染空气最浓点到排放点的水平距离等于烟体上升高度的10～15倍，所以在主风向下侧设立2～3条林带很有好处。

9.3 学校绿地规划

（1）大学校园绿地规划

大学校园的绿化与其用地规划及学校特点是密切相关

的，应统一规划，全面设计（图9-5）。一般校园绿化面积应占全校总用地面积的50%～70%，才能真正发挥绿化效益。根据学校各部分建筑功能的不同，在布局上，既要作好区域分割，避免相互干扰，又要相互联系，形成统一的整体。树种选择上，要注意选择那些适于本地气候和本校土壤环境的高大挺拔、生长健壮、树龄长、观赏价值高、病虫害少、易管理的乔灌木。

大学校园绿地分为教学科研区绿地、学生生活区绿地、教职工住宅绿地和校园道路绿地。教学科研区绿地主要满足全校师生教学、科研、实验和学习的需要，绿地应为师生提供一个安静、优美的环境，同时为学生提供一个课间可以进行适当活动的绿色空间。在教学科研区绿地中，校前区绿地尤为重要。它是位于大门至学校主楼之间的广阔空间，一般是由学校出入口与行政、办公区组成，与工厂厂前区一样，是学校的门面和标志，体现学校面貌。校前区绿化应以装饰观赏为主，衬托大门及主体建筑，突出安静、优美、庄重、大方的高等学府校园环境（图9-6）。校前区绿化设计以规则式绿地为主，以校门、办公楼入口为中心轴线，布置广场、花坛、水池、喷泉、雕塑和国旗台，两侧对称布置装饰或休息性绿地，或在开阔的草地上种植树丛，点缀花灌木，自然活泼，或植绿篱、草坪、花灌木，低矮开朗，富有图案装饰性，校前区绿地常绿树应占较大比例。

对于教学楼与教学楼之间，实验室与图书馆、报告

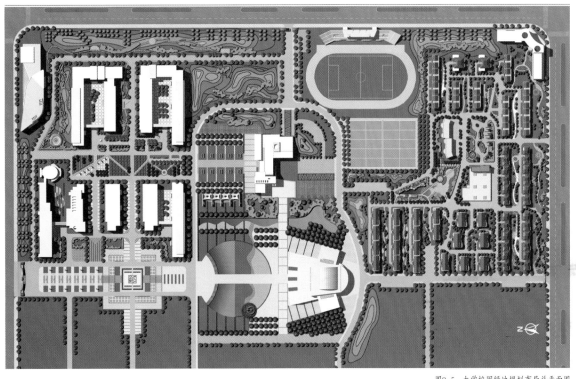

图9-5 大学校园绿地规划布局总平面图

厅之间的空间场地的绿化，首先保证安静的教学环境，在不影响教学楼内通风采光的条件下，多植落叶乔灌木（图9-7）。为满足学生课间休息的需要，楼附近要留出小型活动场地，地面铺装。实验楼的绿化同教学楼，还要根据不同实验室的特殊要求，在选择树种时，综合考虑防火、防爆及空气洁净程度等因素。

对于学生生活区绿地的规划来说，因大学生对集体活动、互相交往的需求较强，故在校园绿地中应创造一些适于他们进行集体活动、谈心、演讲、小集体的文艺演出、静坐休息、思考的绿地环境，这就需要设置不同的园林绿地空间，空间大小应多样、类型也宜丰富变化，如草坪广场、铺装广场、疏林广场空间、庭院空间、半封闭空间、开敞空间以及只适于一两个人活动的秘密性较强的空间，通过各种空间的创造，满足其各种不同的使用要求。

在校园中为做好各分区的过渡，一般在教学区或行政管理区与生活区之间设置小游园。小游园是学校园林绿化

图9-6 校前区绿化效果图

图9-7 校园庭院效果图

的重要组成部分，是美化校园的精华的集中表现。小游园的设置要根据不同学校特点，充分利用自然山丘、水塘、河流、林地等自然条件，合理布局，创造特色，并力求经济、美观。小游园也可和学校的电影院、俱乐部、图书馆、人防设施等总体规划相结合，统一规划设计。其内部结构布局紧凑灵活，空间处理虚实并举，植物配置须有景可观，全园富有诗情画意。游园形式要与周围的环境相协调一致（图9-8）。

教职工住宅区绿地可以以校园绿化基调为前提，根据场地大小，兼顾交通、休息、活动、观赏诸功能，因地制宜进行设计。楼间距较小时，在楼梯口之间只进行基础栽植。场地较大时，可结合行道树，形成封闭式的观赏性绿地；也可以采用庭院式布置，铺装地面、花坛，基础绿带和树池结合，形成良好的学习、休息场地。

道路是连接校内各区域的纽带，其绿化布置是学校绿化的重要组成部分。道路有通直的主体干道，有区域之间的环道，有区域内部的甬道。主体干道较宽，两侧种植高大乔木形成庭荫树，构成道路绿地的主体和骨架。浓荫覆盖有利于师生们的工作、学习和生活。在行道树外侧植草坪也可以采用点缀花灌木，形成色彩、层次丰富的道路侧旁景观。

（2）中小学绿地设计

中小学用地分为建筑用地（包括办公楼、教学及实验楼、广场道路及生活杂务院）、体育场地和自然科学实验用地。中小学建筑用地绿化，往往沿道路广场、建筑周边和围墙边呈条带状分布，以建筑为主体，绿化相衬托、美化。因此，绿化设计既要考虑建筑物的使用功能，如通风采光、遮荫、交通集散，又要考虑建筑物的体量、色彩等。

大门出入口、建筑门厅及庭院，可作为校园绿化的重点，结合建筑、广场及主要道路进行绿化布置，注意色彩层次的对比变化。配置四季花木、建花坛、铺草坪、植绿篱，衬托大门及建筑物入口空间和正立面景观，丰富校园景色、构筑校园文化。建筑物前后作低矮的基础栽植，5米内不植高大乔木。两山墙处植高大乔木，以防日晒。庭院中也可植乔木，设置乒乓球台、阅报栏等文体设施，供学生课余活动之用。校园道路绿化，以遮荫为主，植乔灌木。学校周围沿围墙植绿篱或乔灌木林带，与外界环境相对隔离，避免相互干扰。中小学绿化树种选择与幼儿园相同。树木应挂牌，标明树种名称，便于学生识别、学习。

体育场地主要供学生开展各种体育活动。一般小学操场较小，或以楼前后的庭院代之。中学单独设立较大的操

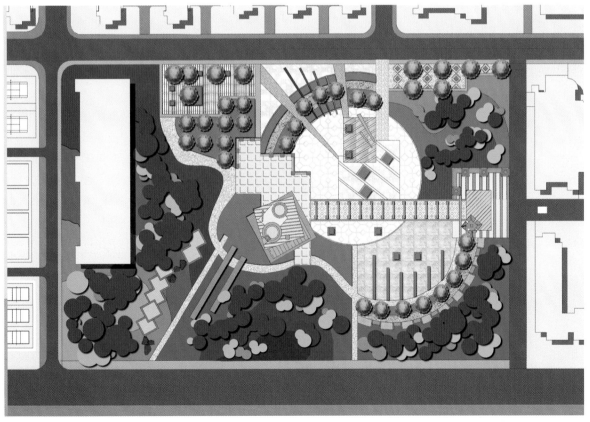

图9-8 学生生活区小游园平面图

81

场，可划分标准运动跑道、足球场、篮球场及其他体育活动用地。运动场周围植高大遮荫落叶乔木，少种花灌木。地面铺草坪（除跑道外），尽量不硬化。运动场要留出较大空地供活动用，空间通视，保证学生安全和体育比赛的进行。

（3）幼儿园绿地设计

幼儿园是对3～6岁幼儿进行学龄前教育的机构，在居住区规划中多布置在独立地段，也有设立在住宅底层的。它的建筑布局有分散式、集中式两类。托幼机构的总平面一般分为主体建筑区、辅助建筑区和户外活动场地三部分。其中户外活动场地又分为公共活动场地、班组活动场地、自然科学基地和休息场地。

公共活动场地是幼儿进行集体活动、游戏的场地，也是绿地的重点地区。该区绿化应根据场地大小，结合各种游戏活动器械的布置，适当设置小亭、花架、涉水池、沙坑。在活动器械附近，以种植遮荫的落叶乔木为主，角隅处适当点缀花灌木，场地应开阔通畅，不能影响儿童活动。班组活动场地一般不设游乐器械，通常选择无毒无刺的植物，场地可根据面积大小，采用40%～60%铺装，图案要新颖、别致，符合不同年龄段的幼儿爱好。

有条件的托幼机构，还可设果园、花园、菜园、小动物饲养园等地，以培养儿童观察能力及热爱科学、热爱劳动的品质。自然科学基地可设置在全园一角，用篱笆隔离，里面种植少量果树和含油料或具药用价值的经济植物。整个室外活动场地应尽量铺设草坪，在周围种植成行的乔灌木，形成浓密的防护带，起防风、防尘和隔离噪音作用。

在建筑附近，特别是儿童主体建筑附近一般都设有休息场地，此类场地不宜栽高大乔木以避免使室内通风透光受影响，一般乔木应距建筑8～10米以外，可以做一些基础种植。主入口附近可布置儿童喜爱的色彩鲜艳、造型可爱活泼的小品、花坛等，起美观及标志性作用外，还可为接送儿童的家长提供休息场地。

幼儿园绿地植物的选择，要考虑儿童的心理特点和身心健康，要选择形态优美、色彩鲜艳、适应性强、便于管理的植物，禁用有飞毛、毒、刺及引起过敏的植物，如花椒、黄刺玫、漆树等。同时，建筑周围注意通风采光，5米内不能植高大乔木。

9.4 医疗机构绿地设计

按医院的性质和规模，一般将其分为综合医院、专科医院及其他门诊性质的门诊部、防治所及较长时期医疗的疗养院等。现代医疗机构是一个复杂的整体，医院绿化一般分为门诊部绿化、住院部绿化和其他区域绿化。由于组成部分功能不同，绿化形式和内容也有差异。

（1）门诊部绿化设计

门诊部靠近医院主要出入口，与城市街道相临，人流比较集中，在大门内外、门诊楼前要留出一定缓冲地带或集散广场。根据医院条件和场地大小，因地制宜布置绿化，以美化装饰、周边基础栽植为主，广场中可设置喷泉、水池、雕塑、花坛，周边疏植高大遮荫乔木。门诊部绿化要注意室内通风采光，并与街道绿化相协调。

（2）住院部绿化设计

住院部位于门诊部后，医院中部较安静地段。住院部庭院要精心布置，根据场地大小确定绿地形式和设施内容，创造安静、优美的环境，供病人室外活动及疗养。绿地应与建筑、道路结合，有条件的可设置小型广场、花坛、草坪、树丛、水池、喷泉、雕塑、花架、座椅等，布置成花园或有起伏变化的自然式游园，并利用植物来组织空间。

植物配置要有丰富的色彩和明显的季相变化，使病人能感到自然界季节的交替，以调节情绪，提高疗效，常绿树种与花灌木应占30%左右。

住院部庭院一般病房与传染病房要隔离。若绿地面积较大，可在绿化中设置一些室外辅助医疗场地，如日光浴场、森林浴场、体育医疗场等，绿化隔离，形成独立的活动空间。

（3）其他区域绿化设计

其他区域包括辅助医疗的药库、制剂室、解剖室、太平间等，总务部门的食堂、浴室、洗衣房及宿舍区，往往位于医院后部单独设置，相对隔离。绿化要强化隔离作用。太平间、解剖室应单独设置出入口，并处于病人视野之外，周围用常绿乔灌木密植隔离。手术室、化验室、放射科周围绿化防止东、西晒，保证通风采光，不能植有绒毛飞絮植物。总务部门的食堂、浴室及宿舍区也要和住院区有一定距离，用植物相对隔离，为医务人员创造一定的休息、活动环境。

9.5 机关单位绿地规划设计

机关单位绿地是指党政机关、行政事业单位、各种团体及部队管界内的环境绿地，也是城市园林绿地系统的重要组成部分。机关单位绿地主要包括入口处绿地、办公楼前绿地、附属建筑旁绿地、庭院休息绿地（小游园）、道路绿地等。

大门入口处是单位形象的缩影，入口处绿地也是单位绿化的重点之一。绿地的形式、色彩和风格要与入口空间、大门建筑统一协调，设计时应充分考虑，以形成机关单位的特色和风格（图9-9）。一般大门外两侧采用规则式种植，以树冠规整、耐修剪的常绿树种为主，与大门形成强烈对比，或对植于大门两侧，衬托大门建筑，强调入口空间。在大门对景位置可设计成花坛、喷泉、假山、雕塑、树丛、树坛及影壁等。其周围的绿化要突出整体效果，从色彩到形式起到衬托作用。

办公楼绿地可分为办公楼入口处绿地、楼前装饰性绿地及楼周围基础绿地。大门入口至办公楼前，根据空间和场地的大小，往往规划成广场，供人流交通集散和停车。大楼前的广场在满足人流、交通、停车等功能的条件下，可设置喷泉、假山、雕塑、花坛、树坛等，作为入口的对景，两侧可布置绿地。

附属建筑绿地指食堂、锅炉房、供变电室、车库、仓库、杂物堆放等建筑及围墙内的绿地。这些地方的绿化首先要满足使用功能，如堆放煤渣、垃圾、车辆停放、人流交通、供变电要求等。其次要对杂乱的、不卫生的、不美观之处进行遮蔽处理，用植物形成隔离带，阻挡视线，起卫生防护隔离和美化作用。

如果机关单位内有较大面积的绿地，其绿化设计可以庭园方式出现。在庭园设计中要遵循园林造园手法，并结合本机关单位的性质和功能进行立意构思，使其庭园富有个性化。园内以绿化为主，结合设计主题安放简单的水池、雕塑，增强视觉、听觉效果，并结合安排道路、广场、休息设施等，以满足人们的散步、休息活动之用。

道路绿地也是机关单位绿化的重点，它贯穿于机关单位各组成部分之间，起着交通、空间和景观的联系和分隔作用。道路绿化应根据道路及绿地的宽度，采用行道树及绿化带种植方式。在采用行道树种植的绿地形式时，由于机关单位道路较窄，建筑物之间空间较小，植物一般选用具有较好的观赏性、分枝点较低的乔木为主。种植时应注意其株距可小于城市道路的行道树种植的株距，一般在3米左右，同时要处理好行道树与管线之间的距离。行道树的种类不宜繁杂，以2～3种为宜。

复习题

1．列举工厂绿地常见抗污染树种。
2．工厂厂前区绿地设计应注意哪些问题？
3．实地考察本校绿地设计，分析总结校前区、教学区、生活区的绿地设计手法。

图9-9　机关单位绿地总体设计效果图

10 屋顶花园规划设计

[教学要求]
- 了解屋顶花园的分类、功能、构造层次。
- 重点掌握屋顶花园的空间布局特点与树种选择。
- 了解屋顶花园防水与排水的工程技术要求。

10.1 概述

屋顶花园是指在各类建筑物的顶部，包括楼顶、露台或阳台，栽植树木、花草，建造各种园林小品所形成的绿地。当前，由于用地紧张，很多居住区都利用集中绿地建设地下停车位，使得很多小区的集中绿地看似位于地面，实际是地下室的屋顶，等于是一个屋顶花园，也增加了居住区集中绿地的设计难度。

屋顶花园的类型，按使用要求和布局风格的不同，可划分为多种多样的形式。比如，按其经济用途可以分为生产性和非生产性；按其质量可分为轻型与重型；按建造形式可分为固定型与临时型；按屋顶坡度可分为平顶与斜坡屋顶花园；按空间组织状况可分为开敞式、封闭式和半封闭式；还可以按屋顶花园内容划分，如：屋顶草坪、屋顶菜园、屋顶果园、屋顶稻田、屋顶花架、屋顶运动广场、屋顶花园、屋顶盆栽盆景园、屋顶水池、屋顶生态型园林等。下面从使用要求的角度介绍一下屋顶花园的主要类型。

（1）游憩性屋顶花园

这种花园一般属于专用绿地的范畴，它的服务对象主要是该单位的职工或生活在该小区的居民。这种花园为人们提供一个室外活动场所，是生活和工作在高层空间人们的迫切需求。对于有较多人员活动的花园应有足够的场地，种植形式以规则式为主，而对于在花园内滞留时间较长的人来说，应该适当多配置一些座椅，植物种植以自然式为主。

（2）盈利性屋顶花园

这类花园是指建立在宾馆、饭店等单位内部的屋顶花园，其建园的目的是为吸引更多的客人。由于其服务对象不同于一般的花园，因此这类花园中的一切景物、花卉、小品都要精美，档次要高，特别是在植物方面要注意选择具有芳香气味的花卉品种，为游人在晚间活动创造舒适的空间。

（3）科研性屋顶花园

这类花园主要是指一些科研单位或在幼儿园，大、中、小学的教学楼和实验楼顶上种植多种花木及蔬菜，为进行植物的研究试验所营造的屋顶试验地，培养青少年对植物的兴趣，使学生获得较全面的科普知识。这些场所的种植形式一般是以规则式种植为主，且很少有专用的道路系统。

（4）家庭式屋顶小花园

家庭式屋顶小花园多见于阶梯式住宅和别墅式住所，主要用于房屋主人及其来宾的休息、娱乐，通常以养花种草为主。这类花园往往面积较小，布置讲求小巧精美、生活化和趣味性，要满足功能的综合性和多样性，对功能空间合理组织安排，可以作为休闲场所，也能作为晾衣、储物、花房等功能性场所，主要以植物造景为主。

10.2 规划布局

10.2.1 空间布局

屋顶花园的组成要素主要是自然山水、各种建筑物和植物。由于一般屋顶面积比较小，因此，可通过利用园林植物、微地形、水体和园林小品等造园因素，采用借景、组景、点景、障景等造园技法，营造出不同应用功效和性质的园林景观。

由于屋顶的形状多为几何形，且面积相对较小，为了使屋顶花园的布局形式与场地取得协调，屋顶花园通常采用规则式布局，特别是种植池多为几何形，以矩形、正方形、正六边形、圆形等为主，有时也做适当变换或为几种形状的组合。花坛是规则式种植中的一种常见形式，它是在花园内分散布置一些规则式的种植池，种植池内的植物可为草木、灌木或草本与乔木的组合。为了表现能够反映自然界的山水与植物群落的景观，屋顶花园的设计也可以采用自然式布局，这种形式的花园布局，要体现自然美，植物采用乔灌草混合方式，创造出有强烈层次感的立面效果。目前，在规则式中间适当加入自然式手法的布局方式较为常见，即植物采用自然式种植，而种植池的形状是规则的（图10-1）。

对于屋顶花园布局，总的原则是要以植物装饰为主，适当堆叠假山、石舫、棚架、花墙等，形成现代屋顶花园。要特别注意的是在城市的屋顶花园中，应少建或不建亭、台、楼、阁等建筑设施，而注重植物的生态效应。

10.2.2 种植设计

屋顶花园要为人们提供优美的游憩环境，但是由于屋顶花园承载力的原因以及屋顶场地窄小，道路迂回，因此，在植物造景方面，可以通过不同的种植形式的配合和变化，使屋顶花园产生不同的特色（图10-2）。

图10-1　屋顶花园布局平面图

图10-2　屋顶花园植物种植效果图

由于屋顶种植环境的特殊性，限制了其植物种类的选择和应用。因此，屋顶花园的景物配置、植物选配都必须遵循物种的多样性与共生性的原则。

（1）选择耐旱、抗寒性强的矮灌木和草本植物。由于屋顶花园夏季气温高、风大、土层保湿性能差，冬季则保温性差，因而应选择耐干旱、抗寒性强的植物为主，同时，考虑到屋顶的特殊地理环境和承重的要求，应注意多选择矮小的灌木和草本植物，以利于植物的运输、栽种。

（2）选择阳性、耐瘠薄的浅根性植物。屋顶花园大部分地方为全日照直射，光照强度大，植物应尽量选用阳性植物。屋顶的种植层较薄，为了防止根系对屋顶建筑结构的侵蚀，应尽量选择浅根系的植物。

（3）选择抗风、不易倒伏、耐积水的植物种类。在屋顶上空风力一般较地面大，特别是雨季或有台风来临时，风雨交加对植物的生存危害最大，加上屋顶种植层薄，土壤的蓄水性能差，一旦下暴雨，易造成短时积水，故应尽可能选择一些抗风、不易倒伏，同时又能耐短时积水的植物。

（4）选择以常绿为主，冬季能露地越冬的植物。营建屋顶花园的目的是增加城市的绿化面积，美化"第五立面"，屋顶花园的植物应尽可能以常绿为主，宜选用叶形和株形秀丽的品种。为了使屋顶花园更加绚丽多彩，体现花园的季相变化，还可适当栽植一些色叶树种；另外在条件许可的情况下，可布置一些盆栽的时令花卉，使花园四季有花。

（5）尽量选用乡土植物，适当引种绿化新品种。乡土植物对当地的气候有高度的适应性，在环境相对恶劣的屋顶花园，选用乡土植物有事半功倍之效，同时考虑到屋顶花园的面积一般较小，为将其布置得较为精致，可选用一些观赏价值较高的新品种，以提高屋顶花园的档次。

10.2.3　水景设计

屋顶花园中的水景形态和风格完全可以借鉴地面花园中所有的水景样式，水池、瀑布、喷泉、小溪、叠水等水形态（图10-3）。屋顶花园水景设计要考虑与周围环境的和谐，水景的风格影响着整个屋顶庭院的风格。规则形状的水池，适合现代感强的屋顶庭院，配合适当修剪干净规整的植物等，比较容易与屋顶场地融为一体。不规则的水池通常整体线条曲折优美，灌木、草花婀娜多姿，体现自然、休闲的氛围，结合水景照明系统能够更好地营造气氛。在水景转角的合适位置可以栽植几棵常绿灌木，给人清新自然耳目一新的感觉。面积较大、承重较好的屋顶可以结合

水体工程建造园林小品叠水和假山叠水。较小面积的屋顶花园可以设计涌流喷泉，风格要突出清新、动感和活力。

10.2.4　铺装设计

屋顶地面铺装是联系各景物的纽带，既具有功能性，又具有装饰性。地面铺装的设计应与造园的立意相结合，根据环境特点和总体设计要求选择构图形式、图案、色彩、材料。装饰图案可以引导视线，同时也可以帮助掩饰或者强调周围的形象。由于屋顶面积较小，设计时可以通过几种材料的搭配使用，让处处精细优美。

地面铺装图案应该尽可能简洁，还应具有柔和的色彩，并与植物、景观建筑、小品等协调。在材料方面，对于足够结实的屋顶，普通的地面铺砌材料都是可行的，包括各种各样的天然石材、陶砖、锦砖、木板、卵石或碎片等（图10-4）。而每一种材料又会因为自身尺寸大小、颜色和排列方式的不同而产生丰富的变化，因此，在选材方面，应该尽量做到与屋顶花园的整体风格协调一致。

10.2.5　小品设计

屋顶花园的园林建筑主要包括凉亭、花架、阳光房等，设计以少、小、轻为宜，尽量采用轻质材料，在北方风大的地区也要考虑加固等安全问题。园林建筑的体量和尺度要结合屋顶空间和承重能力慎重考虑。在设计上也可以让园林建筑结合攀援植物绿化，丰富绿化形式和空间层次。值得注意的是，园林建筑受到屋顶结构体系、主次梁及承重墙柱位置的限制，必须在满足房屋结构安全的前提下，进行布点和建造。

图10-3　屋顶花园水景设计效果图

对于面向公众开放的屋顶花园，应该很好地进行休闲设施的布置，使人们使用起来尽可能地舒适，这会大大增加它们的使用率，并给游客带来更多的享受（图10-5）。对于休闲设施的选择应尽可能适应天气的变化，耐用和便于清洗，除了一些水泥或石材制品的固定桌椅外，塑料、防腐木材、塑钢或铝制品以及适合各种天气的耐用材料，都是极好的选择。

其他艺术性的小品，如雕塑、假山、陶罐、壁画等，无论是依附于其他景物要素或者相对独立，都常常会吸引人们的目光，作为整个花园中重要的视觉焦点，突出花园的特色。在具体设计中，要结合所处的屋顶花园的平面位置、观赏角度以及周围景观整体考虑，设计园林小品的大小、色彩、质感等，尽量将其放在柱子或其他经过加固的屋顶部分之上。同时还要考虑小品的背景、方位朝向、日照、光影变化和夜间人工光线的照射角度等。

10.3 工程技术

10.3.1 屋面构造

屋顶花园是一种特殊的园林形式，设计师在对一个具体项目进行规划设计时必须考虑建筑屋面的许多客观条件，如屋顶荷载量、屋顶防水及排水的处理、种植土的选

图10-4 屋顶花园地面铺装效果图

图10-5 屋顶花园小品建筑效果图

择、植物的配置、施工工艺要求和管理维护等，需进行综合研究和处理，巧妙地利用主体建筑，合理布局，充分地挖掘其空间潜能。屋顶花园种植区的构造层次从上到下依次是种植基质层、过滤层、排（蓄）水层、隔根层、防水层、砂浆找平层、保温层、结构层。

屋顶花园不同于一般的花园，在各种限制因素中，关键是支撑花园的建筑构造做法和建筑物承载能力。建筑物的承载能力，受限于屋顶花园下的梁板柱和基础、地基的承重力。由于建筑结构承载力直接影响房屋造价的高低，因此，屋顶上的每平方米的允许荷载受到限制。也就是屋顶花园上平均荷载只能控制在一定范围之内。在屋顶花园的设计与施工中，屋顶应采用整体浇筑或预制装配的钢筋混凝土屋面板作结构层。一般情况下，要求提供350千克／平方米以上的外加荷载能力。同时在具体设计中，除考虑屋面静荷载外，还应考虑非固定设施、人员数量流动、外加自然力等因素。为了减轻荷载，应将亭、廊、花坛、水池、假山等重量较大的景点设计在承重结构或跨度较小的位置上，同时尽量选择人造土、泥炭土、腐殖土等轻型材料。如高大乔木种植池、假山、雕塑、水池等应尽量放置在承重大梁、墙、柱之上，并注意合理分散荷重。避免将集中荷重布置在梁间的楼板上。

10.3.2 栽培基质

由于屋顶花园是建造在建筑物上，和大地完全隔离，没有任何连续性，因此没有地下水上升的作用；土层的厚度也受到局限，有效的土壤水分容量小。同时由于土层薄，受到外界气温的变化和下部构造传来的热变化两种影响，土温变化大。屋顶种植土受到屋顶承重、排水、防水等限制，所以需要轻量、保水、透水性好的基质。

屋顶花园培植土的厚度一般取决于承重楼板的允许荷载，并考虑所用材料的容重和维护绿化的状况。种植层的厚度依据种植物的种类而定，经常行走的草坪土层厚度一般为20～25厘米，花卉小灌木30～45厘米，大灌木45～60厘米，浅根乔木60～90厘米，深根乔木90～150厘米。用乔木绿化，培植土要有适当的体积，这比适当的厚度更为重要。有时可把草坪、灌木和乔木的培植连起来，做成小土坡。

为了尽量减轻培植土的重量，并有利于植物的生长，要求所选用的种植介质应具有自重轻、不板结、保水保肥、适宜植物培育生长、施工简便和经济环保等性能。一般可选用种植土、草炭、膨胀蛭石、膨胀珍珠岩、细砂和经过发酵处理的动物粪便等材料，按一定比例混合配制而成。

10.3.3 屋面防水、排水

"防"和"排"是屋顶花园设计及施工中的两个重要环节，"排"是前提，"防"是保证，两者相辅相成、缺一不可，同时也是一个屋顶花园设计成败与否的关键。

防水是屋顶花园安全工作的核心。防水工程质量与设计、施工和所选材料三方面都有密切关系。材料为基础，设计为前提，施工为关键。为了搞好屋顶花园的防水工程，必须选择质量可靠的防水材料，做出合理的构造，并把好施工质量关。目前屋顶防水层一般采用柔性卷材防水和刚性防水的做法，来达到防水效果，但是不论采取何种形式的防水处理，都不可能保证100%的不渗漏，而且在建造施工过程中，还极有可能会破坏原防水层。因此建造屋顶花园，必须进行二次防水处理。首先，要检查原有的防水性能，封闭出水口，再灌水，进行96小时的严格闭水试验。闭水试验中，要仔细观察房间的渗漏情况，有的房屋连续闭水3天不漏，第4天才开始渗漏。若能保证96小时不漏，说明屋面防水效果好。这种防水效果，也只适用于非屋顶花园的情况。

排水对于屋顶花园设计至关重要。屋顶花园绿地排水有内、外排水之分，外排水是指绿地培植土过饱和的水分直接排到屋面，这种方式经济、简单，但容易污染屋面。内排水则是把绿地培植土过饱和的水分经过滤后排到天沟或通入室内排水系统。在设计和场地施工时，一定要遵照原有屋顶的排水系统，尽量不要破坏原有屋面排水的整体性，不要封堵、隔绝或改变原排水口和坡度。特别是大型种植池排水层下的排水管道，要与屋顶排水口配合，注意相关的标准差，使种植池内的多余灌水能顺畅排出。种植池的培植土里过饱和的水分是经过滤层和排水层过滤后排出屋顶花园，因此，排水过滤层要能隔住细粒的培植土以免流失。排水过滤层材料要渗透性好，不易碎裂，耐冲击，不易风化，而且质量轻，可用矿棉布、黑麦杆和泥炭等。排水层材料应选择质轻、耐久、易铺设的材料，如膨胀黏土、火山渣、卵石、砾石等。

复习题

1. 绘制常见屋顶花园种植池构造。

2. 居住区内公共的游憩性屋顶花园设计应关注哪些问题？

3. 搜集整理地下车库屋顶花园设计案例，分析其设计特点。

参考文献

［1］中华人民共和国建设部. 城市绿地分类标准（CJJ/T85-2002）. 北京：中国建筑工业出版社，2002

［2］中华人民共和国建设部. 城市用地分类与规划建设用地标准（GBJ137-90）. 北京：中国建筑工业出版社，1990

［3］中华人民共和国建设部. 公园设计规范（CJJ48-92）. 北京：中国建筑工业出版社，1992

［4］中华人民共和国建设部. 风景名胜区规划规范（GB50298-1999）. 北京：中国建筑工业出版社，2000

［5］中华人民共和国建设部. 城市道路绿化规划与设计规范（CJJ75-97）. 北京：中国建筑工业出版社，1998

［6］中华人民共和国建设部. 城市居住区规划设计规范（GB50180-93）. 北京：中国建筑工业出版社，1994

［7］I.L.麦克哈格. 设计结合自然. 芮经纬译. 北京：中国建筑工业出版社，1992

［8］西蒙兹. 景观设计学. 北京：中国建筑工业出版社，2000

［9］宗白华. 中国园林艺术概况. 南京：江苏人民出版社，1987

［10］杨盖尔. 交往与空间. 何人可译. 北京：中国建筑工业出版社，1992

［11］西蒙·贝尔. 景观的视觉设计要素. 王文彤译. 北京：中国建筑工业出版社，2004

［12］唐学山，李雄，曹礼昆. 园林设计. 北京：中国林业出版社，2002

［13］彭一刚. 中国古典园林. 北京：中国建筑工业出版社，1997

［14］周维权. 中国古典园林史. 北京：清华大学出版社，1999

［15］汤晓敏，王云. 景观艺术学. 上海：上海交通大学出版社，2009

［16］朱建宁. 西方园林史. 北京：中国林业出版社，2008

［17］刘廷风. 中日古典园林比较. 天津：天津大学出版社，2003

［18］余树勋. 园林美与园林艺术. 北京：北京科学出版社，1987

［19］成玉宁. 现代景观设计理论与方法. 南京：东南大学出版社，2010

［20］汪菊渊. 中国古代园林史. 北京：中国建筑工业出版社，2006

［21］王晓俊. 西方现代园林设计. 南京：东南大学出版社，2000

［22］林玉莲，胡正凡. 环境心理学. 北京：中国建筑工业出版社，2005

［23］王建国. 城市设计. 南京：东南大学出版社，2011

［24］刘志成，曾洪立，雷芸. 园林规划. 北京：中央广播电视大学出版社，2005

［25］陈永贵，张景群. 风景旅游区规划. 北京：中国林业出版社，2010

［26］王浩. 城市生态园林与绿地系统规划. 北京：中国林业出版社，2003

［27］李晖，李志英. 人居环境绿地系统体系规划. 北京：中国建筑工业出版社，2009

［28］李敏. 现代城市绿地系统规划. 北京：中国建筑工业出版社，2002

［29］封云，林磊. 公园绿地规划设计. 北京：中国林业出版社，2004

［30］王晓俊. 风景园林设计. 南京：江苏科学技术出版社，1995

［31］王浩. 园林规划设计. 南京：东南大学出版社，2012

［32］胡长龙. 园林规划设计. 北京：中国农业出版社，2006

［33］李静. 园林概论. 南京：东南大学出版社，2009

［34］黄金锜. 屋顶花园设计与营造. 北京：中国林业出版社，1994

［35］胡长龙. 现代庭园和室内绿化. 上海：上海科学技术出版社，1999

［36］谷康，李晓颖，朱春艳. 园林设计初步. 南京：东南大学出版社，2003

［37］孟兆祯. 共尽园林设计师的天职. 中国园林，2003，（4）：77

［38］况平，夏义民. 风景区生态规划的理论与实践. 中国园林，1998，2（14）：8～11

［39］周武忠. 论中国古典园林美学观. 扬州大学学报（人文社会科学版），2003，7（4）：87～91

［40］梁伊任，林世平. 生态规划设计理论与实践. 北京林业大学学报（社会科学版），2004，3（2）：9～12

［42］肖国增，朱桂才，耿宏伟. 湖北省防灾减灾的城市绿地体系规划探析. 长江大学学报（自然科学版），2011，（8）：229～232

［43］李素英. 城市带状公园绿地规划设计原则探讨. 北京林业大学学报（社会科学版），2009，（9）：68～71

［44］王建国. 现代城市广场的规划设计. 规划师，1998，（2）：67～74

［45］黄静，杨志宏. 现代城市中屋顶花园的规划设计. 北京园林，2010，（1）：13～16